하유정 쌤의
기초 문해력 수업

기적의
초등어휘
일력
365

하유정 지음

빅피시
BIG FISH

친구들, 반가워요! 하유정 선생님이에요.

교실에서 마주하는 친구들 가운데 유난히 글귀가 어두운 친구가 있어요.
제 학년의 교과서를 읽을 수는 있으나 이해하기는 어렵다고 해요.
읽는 것과 이해하는 것은 다른 차원의 능력이거든요.

글을 읽고도 무슨 뜻인지 도통 이해하기 어렵다는 표정을 지으면
무엇이 걸림돌이 되었는지 함께 찾아보게 돼요.
걸림돌은 어휘예요.
제 학년의 교과서를 쭉 읽어 내려가지 못하고
어휘 걸림돌에 막혀 주춤거리는 거죠.

《기적의 초등어휘일력 365》〈특별개정판〉은
여러분이 어떤 글이든 막힘없이 술술 읽을 수 있도록
2024년부터 적용된 새 교과서 속 어휘들을 가득 실었어요.
특히 〈국어〉 테마를 새롭게 추가하여 예쁜 우리말 어휘와
소리나 뜻이 비슷해서 헷갈리는 어휘까지
다양한 종류의 어휘를 공부할 수 있을 거예요.

지은이 **하유정**

- 19년 차 현직 초등교사
- 교육방법 · 교육공학 석사
- 20만 초등교육 정보 채널 〈어디든학교〉 운영
- 《두근두근 초등 1학년 입학 준비》《초등 공부 습관 바이블》 저자

교육의 사각지대 없이 누구나 쉽고 재밌게 교과 학습을 할 수 있기를 바라며 유튜브 채널 〈어디든학교〉를 열었다. 더 나은 교육을 위해 고민하는 교사와 학부모에게 그동안 쌓아온 교육 현장의 경험과 정보를 나누고자 오늘도 강연하고, 영상을 만들고, 글을 쓴다.

유튜브 · 네이버 블로그 어디든학교
인스타그램 @anywhere_school

한문 감수 **김연수**

- 성균관대학교 한문교육과 졸업
- 15년 차 현직 중등교사
- 2022 개정 교육과정 교과서 집필위원
- 《초등 한자 읽기의 힘》《청소년을 위한 위대한 동양 고전 25권을 1권으로 읽는 책》 저자

유튜브 똑필TV
인스타그램 @yeonsukim4864

천 리 길도 한 걸음부터

새로운 시작 앞에서 매번 떠올리는 속담이에요.
매일 한 걸음씩 어휘력을 다진다면
일 년간 천 개의 교과서 어휘를 익힐 수도 있겠죠?

새 교과서 속 어려운 학습 개념어부터
풍부한 표현력을 더해 주는 관용어와 속담 표현,
말과 글의 품격을 높여 주는 사자성어,
마음을 따뜻하게 해 주는 가치어와 감정어,
아름다운 우리말과 헷갈리는 어휘까지
어휘 편식 없이 익혀 볼 거예요.

따뜻한 이야기와 당장 써먹을 수 있는 예문,
유의어, 반대어 같은 확장 어휘까지
천 개의 어휘를 가득 담아 두었어요.
여러분이 올 한 해 이 어휘들을 모두 익히도록
마지막 날까지 응원할게요.

오늘 날짜를 찾아 어휘 일력을 펼쳐 보세요!
어떤 어휘가 우리를 기다리고 있을까요?

기적의 초등어휘일력 365

초판 1쇄 발행 2023년 10월 18일
특별개정판 1쇄 인쇄 2024년 8월 19일
특별개정판 1쇄 발행 2024년 9월 20일

지은이 하유정
펴낸이 이경희

그린이 이가혜
디자인 김희림

펴낸곳 빅피시
출판등록 2021년 4월 6일 제2021-000115호
주소 서울시 마포구 월드컵북로 402, KGIT 19층 1906호

JANUARY

1월

올해는 어떤 기적이 기다리고 있을까요?
천 리 길도 한 걸음부터,
위대한 첫걸음을 시작해 볼까요?

31일

감정

뭉클하다

어떤 감정이 북받쳐 올라
가슴이 갑자기 꽉 차는 듯하다

뭉클한 감정이 들면 눈이 반짝거리다가 눈물이 맺히기도 해요. 마음속에 풍선이 있는 것처럼 잔뜩 차오르는 느낌이 들기도 하고요. 기쁨, 감동, 행복한 감정이 가슴속에 가득 찬 느낌이랄까요? 누군가에게 '고마워요' '사랑해요'라는 말을 들었을 때 뭉클하기도 해요.

 예문

"올 한 해 최선을 다한 우리 딸, 정말 자랑스러워"라는
엄마의 칭찬에 가슴이 뭉클했다.

비슷한 말	**감동하다** 크게 느끼어 마음이 움직이다
다른 뜻	**뭉클하다** 덩이진 물건이 겉으로 무르고 미끄럽다

1일

관용어

더할 나위 없다

아주 좋거나 완전하여 그 이상 더 말할 것이 없다

멋진 풍경을 만나면 "이보다 더 아름다울 수는 없을 것 같아!"라는 말이 절로 나와요. '더할 나위 없다'는 이처럼 너무 완벽해서 더 이상 바랄 것이 없는 상태를 강조하는 말이에요. 매일매일 자신의 주변을 돌아보며 '더할 나위 없이' 소중한 순간들을 찾으려고 노력해 보세요.

 예문

새해 첫날 온 가족이 모여 더할 나위 없이 즐거웠다.

비슷한 말
흠잡을 데 없다
말과 행동, 사물에 잘못되거나 상한 부분이 없다

반대말
미흡하다
아직 흡족하지 못하거나 만족스럽지 않다

DECEMBER

30일

사자
성어

이심전심

以	心	傳	心
써 이	마음 심	전할 전	마음 심

마음과 마음으로 서로 뜻이 통함

구구절절 말하지 않아도 마음이 통할 때 이심전심이라고 해요. 가족이나 친한 친구와는 이심전심으로 통할 때가 참 많아요. 오늘은 말 대신 따뜻한 마음을 누군가에게 전해 볼까요?

 예문

동생 생각에 간식을 챙겨 왔는데 동생도 내 간식을 챙겨 온 거 있지. **이심전심**이었어.

확장
어휘

소통하다 막히지 않고 잘 통하다
통하다 마음 또는 의사나 말 따위가 다른 사람과 소통되다

2일

국어

감쪽같이

꾸미거나 고친 것을 전혀 알아챌 수 없을 정도로 티가 나지 않게

'감쪽같이'는 무언가를 아주 완벽하게, 흔적도 없이 처리했을 때 사용하는 표현이에요. 고장 난 장난감을 아빠가 고쳐주셨을 때 "감쪽같이 새것처럼 되었어"라고 말할 수 있어요. 이 표현을 사용하면 얼마나 완벽하게 고쳤는지 잘 전달할 수 있지요.

 예문

마술사는 동전이 감쪽같이 사라지는 마술을 보여 주었다.

비슷한 말
빈틈없이
허술하거나 부족한 점이 없이

반대말
허술하다
치밀하지 못하고 엉성하여 빈틈이 있다

DECEMBER

29일

확신

確	信
굳을 확	믿을 신

굳게 믿는 마음

열심히 하면 잘할 거라 굳게 믿는 마음, 내 아들딸이 최고라는 엄마의 굳은 믿음이 '확신'이에요. 내가 나를 굳게 믿는 마음이 있어야 다른 사람도 나에 대한 확신을 가질 수 있어요. 나를 가장 믿는 사람이 되세요.

 예문

나는 이번 바이올린 콩쿠르에서 좋은 성적을 거둘 거라는 확신이 섰다. 내 손에 생긴 굳은살이 확신을 더욱 굳혀 주었다.

비슷한 말
신념
굳게 믿는 마음

반대말
불신
믿지 않거나 믿지 못하는 마음

3일

가치

모험

冒	險
무릅쓸 모	험할 험

위험을 무릅쓰고 하는 일

낯선 상황에 뛰어들어 어려움에 부딪혀 보면 우리는 더 강해지고 지혜로워져요. 모험이 바로 그런 거예요. 우리를 새로운 경험과 도전으로 이끄는 활동이죠. 새로운 운동에 도전하거나 낯선 장소를 여행하는 것도 멋진 모험 중 하나예요.

 예문

달빛 아래에서의 모험은 정말 환상적이었어요.

확장
어휘

탐험
위험을 무릅쓰고 어떤 곳을 찾아가서 살펴보고 조사함

환율

換	率
바꿀 환	비율 율

다른 나라 돈과 바꿀 때의 비율

해외에 갈 때는 우리나라 돈을 그 나라의 돈으로 바꿔 가야 해요. 나라마다 돈의 종류와 가치가 다르기 때문이에요. 우리나라 돈과 다른 나라 돈을 교환할 때 얼마나 바꿔야 할지 환율로 알 수 있어요. (우리나라의 1,300원은 미국 돈 약 1달러와 교환할 수 있어요.)

 예문

환율은 각 나라의 경제 사정에 따라, 국제 경제의 흐름에 따라 매일 조금씩 바뀝니다.

확장
지식

세계 화폐의 단위

한국	중국	미국	영국	일본	유럽연합
원	위안	달러	파운드	엔	유로

4일

웃는 집에 복이 있다

**집안이 화목하여 늘 웃음꽃이 피는 집에는
행복이 찾아든다**

웃음소리에는 복이 들어 있다고 해요. 복은 눈에 보이지 않지만, 웃음소리로 복이 깃듦을 확인할 수 있거든요. 쉿! 지금도 들어 보세요. 우리 집 안에 크고 작은 웃음소리를요. 안 들린다고요? 그러면 내가 큰 소리로 웃으면 돼요! 웃음은 전염성이 강하답니다.

오늘의 생각

우리 집에는 웃음소리가 가득한가요?

**확장
어휘**

가화만사성
집안이 화목하면 모든 일이 잘됨

家	和	萬	事	成
집 가	화할 화	일만 만	일 사	이룰 성

DECEMBER

27일

관용어

가시가 돋다
공격의 의도나 불평불만이 있다

가시는 뾰족하고 날카로워서 찔리면 따끔해요. 사람의 말에도 가시가 돋을 수 있어요. 친구의 지나친 장난에 날카로운 경고를 할 때 가시 돋은 말이 나와요. 너무 뾰족하고 날카로운 가시 돋은 말이 나오려 한다면 '일시 정지' 하세요. 같은 뜻의 더 부드러운 말이 있으니까요.

 예문

단짝 친구의 가시 돋은 **말이 내 마음을 할퀴어 버렸어.**
(아… 속상해.)

비슷한 말

일침을 가하다 따끔할 정도로 정확하고 날카로운 충고나 경고를 하다

가시가 박히다 말속에 악의가 있다

5일

사자
성어

야단법석

野	壇	法	席
들 야	제단 단	법 법	자리 석

떠들썩하고 시끄러운 모습

'법석'이라는 말은 원래 부처님의 말씀을 듣기 위해 사람들이 모이는 장소를 의미했어요. 하지만 많은 사람들이 모이면 자연스럽게 소란스러울 수 있죠. 그래서 시끄럽고 어지러운 상황을 '야단법석'이라고 말하게 되었어요. 축제나 큰 모임에서 사람들이 떠드는 모습을 떠올려 보세요.

 예문

K팝 축제 기간에 야단법석을 떠는 사람들로 거리가 가득 찼다.

비슷한 말

시끌벅적, 왁자지껄
사람들이 많이 모여 소란스럽고 떠들썩한 상태

아수라장
매우 혼란스럽고 시끄러운 상황

26일

근묵자흑

近	墨	者	黑
가까울 근	먹 묵	사람 자	검을 흑

먹을 가까이하면 검어진다

착한 친구를 가까이하면 나도 착해지고, 나쁜 친구를 가까이하면 나도 그 버릇에 물들기 쉽다는 뜻이에요. 사람은 누구나 주변 사람의 영향을 많이 받아요. 물론 나도 주위 사람에게 영향을 주고 있고요. 좋은 사람을 곁에 두는 건 참 행복한 일이에요. 동시에 나도 누군가에게 좋은 사람이 되도록 해요.

 예문

근묵자흑이라고, 게임만 하는 친구랑 놀다 보니 어느덧 나도 그러고 있네, 정신 차리자!

확장
어휘

본받다 본보기로 하여 그대로 따라 하다
본보기 본을 받을 만한 대상

6일

과학

관찰

觀	察
볼 관	살필 찰

사물이나 현상을 주의하여 자세히 살펴봄

눈, 코, 입, 귀, 피부와 같은 감각 기관을 사용해서 사물의 특징이나 현상을 주의 깊게 살펴보는 활동을 관찰이라고 해요. 돋보기나 현미경, 청진기 등의 도구를 사용하면 더 자세하게 관찰할 수 있어요. 등굣길에 달라진 점은 없는지 주의 깊게 관찰해 보세요.

 예문

발포 비타민을 물에 넣었을 때 일어나는
변화를 돋보기로 관찰해요.

확장 어휘	**관측** 기상이나 천문 등의 자연 현상을 관찰하여 측정하는 것 **확대경** 물체를 늘려서 크게 보는 렌즈. 돋보기를 달리 이르는 말

25일

감사하다

感	謝
느낄 감	사례할 사

고마움을 느끼는 마음이 있다

목마를 때 마신 물 한 모금, 송골송골 맺힌 땀을 식혀 주는 시원한 바람, 아무 일 없이 평범하게 지낸 오늘이 참 감사해요. 나 대신 장난감을 정리해 주신 엄마도 정말 감사하고요. 작은 일에도 감사할 줄 아는 사람이 행복한 삶을 살 수 있어요.

 예문

내가 잠든 사이, 머리맡에 살포시 선물을 놓고 가신 부모님께 감사하다.
(사실 저 안 자고 다 봤어요!)

비슷한 말

고맙다 남이 베풀어 준 호의나 도움에 마음이 흐뭇하고 즐겁다

인사하다 입은 은혜를 갚거나 치하할 일 따위에 대하여 예의를 차리다

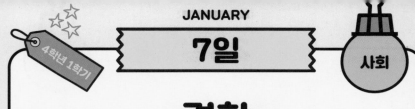

견학

見	學
볼 견	배울 학

직접 가서 보고 배움

직접 찾아가서 보고, 듣고, 느끼며 배우는 것이 '견학'이에요. 체험하며 공부하면 책이나 영상으로 보는 것보다 더 생생한 공부를 할 수 있어요. 견학 장소가 정해지면 교통수단, 조사 방법, 조사할 내용을 미리 정해 두고 견학해야 해요.

 예문

견학하기 전에는 미리 견학 신청을 하고, 견학 일정과 가는 방법을 확인합니다.

확장 어휘

체험 어떤 일을 실제로 보고 듣고 겪음
- 견학은 '배움'이 목적이라면 체험은 '경험' 자체를 말해요.

견문 보거나 들어서 깨달아 얻은 지식

24일

들뜨다

마음이나 분위기가 가라앉지 않고 조금 흥분되다

오랜만에 사촌 형이 놀러 온다는 소식을 들었을 때, 사촌 형과 어떤 놀이를 할지 떠올릴 때, 근사한 곳에서 외식할 기대에 마음이 가라앉지 않고 조금 흥분될 수 있어요. 어떤 기대로 인해 기분 좋게 흥분된 마음이 '들뜨다'예요.

 예문

내일은 크리스마스! 어떤 선물이 도착해 있을지,
들뜬 마음에 잠이 오지 않을 것 같아요.

비슷한 말

부풀다 희망이나 기대 따위가 마음에 가득하게 되다
상기되다 흥분이나 부끄러움으로 얼굴이 붉어지다
설레다 마음이 가라앉지 않고 들떠서 두근거리다

부릅뜨다

무섭고 사납게 눈을 크게 뜨다

친구가 괴롭힐 때 눈을 부릅뜨고 "그만해!"라고 말하면 내가 불쾌하다는 걸 알릴 수 있어요. 때때로 강하게 표현해야 할 때가 있지만 항상 그러는 건 좋은 방법이 아니에요. "네가 그렇게 행동해서 기분이 나빠"라고 차분히 말해보세요. 더 좋은 관계를 유지할 수 있을 거예요.

 예문

경찰은 화가 나서 눈을 부릅뜨고 범인을 주시하였다.

확장
어휘

노려보다 미운 감정으로 날카롭게 계속 바라보다
부라리다 화가 나서 눈빛이 날카로워지다

23일

사자
성어

타산지석

他	山	之	石
다를 타	산 산	어조사 지	돌 석

남의 하찮은 말이나 행동도
자신을 수양하는 데에 도움이 될 수 있음

다른 산의 나쁜 돌이라도 자기 산의 옥돌을 가는 데에 쓸모가 있다는 뜻이에요. 다른 사람의 잘못을 보면서 '나는 저렇게 하지 않아야지' 하고 결심할 때 교훈을 얻을 수 있음을 비유적으로 이르는 말이에요. 남의 실수에도 작은 교훈을 얻는 하루를 보내세요.

 예문

친구를 험담하는 수미의 행동을 타산지석 삼아
나는 그러지 않기로 결심했어.

확장
어휘

험담 남의 흠을 들추어 헐뜯음. 또는 그런 말
교훈 앞으로의 행동이나 생활에 지침이 될 만한 것을 가르침

9일

속담

보기 좋은 떡이
먹기도 좋다

겉모습이 반듯하면 내용도 알차다

색깔도 예쁘고 보기 좋게 생긴 떡이 맛있을 때가 참 많아요. 맛은 같은데 예쁘게 모양을 낸 급식 메뉴의 인기가 폭발하는 것도 마찬가지예요. 정성껏 필기한 공책도 보기 좋은 떡이 될 수 있어요. 술술 읽힐 수 있거든요. 잘 정리된 책상에서는 공부가 더 잘될 수 있고요.

오늘의 생각

여러분의 '보기 좋은 떡'은 무엇인가요?
내 손으로 정리하고 꾸밀 수 있는 것은 무엇인지
떠올려 보세요.

확장
어휘

가지런하다 여럿이 층이 나지 않고 고르게 되어 있다
반듯하다 작은 물체, 또는 생각이나 행동 따위가 비뚤어지거나
기울거나 굽지 아니하고 바르다

22일

관용어

귀가 닳다
여러 번 들어 지겹다

어떤 말을 여러 번 들어 지겹다는 뜻이에요. 같은 말을 얼마나 많이 들으면 귀가 닳을까요? 하지만 같은 말을 여러 번 해야 하는 사람도 입이 닳는답니다. 한 번만 말해도 찰떡같이 알아들으면 귀가 닳을 일도, 입이 닳을 일도 없을 거예요.

 예문

"방 좀 치워"라는 엄마의 잔소리를 귀가 닳도록 들었어. (오늘은 대청소를 해 볼까?)

확장
어휘

귀에 못이 박히다 같은 말을 너무나 여러 번 듣다
귀에 익다 들은 기억이 있다
귀가 따갑다 소리가 날카롭고 커서 듣기에 괴롭다

10일

감정

그립다
보고 싶거나 만나고 싶은 마음이 간절하다

지금은 만날 수 없는 왕할머니, 멀리 이사 간 친구, 낡아서 버려진 인형이 내 곁에 없다는 사실에 슬픈 감정이 든다면 '그리움'이에요. 만날 수 없고, 볼 수 없으며 이제는 할 수 없는 무언가로 인해 텅 빈 듯한 마음이 들기도 해요. 그리움이 깊이 사무치면 쉽게 우울해질 수 있어요. 그러니 그리움에 너무 깊이 빠지지 마세요.

 예문

할머니가 그리운 날에는 할머니께 편지를 써.

확장
어휘

사무치다 깊이 스며들거나 멀리까지 미치다
애틋하다 섭섭하고 안타까워 애가 타는 듯하다

속담

열의 한술 밥
여럿이 조금씩 도와주어 큰 보탬이 된다

열 사람이 한술씩 밥을 덜면 쉽게 한 그릇의 밥을 만들 수 있어요. 어려운 이웃에게 천 원, 이천 원 낸 성금이 몇백만 원의 큰 성금이 되기도 해요. '내가 무슨 큰 도움이 되겠어?'라는 생각보다 '나 한 명이라도 도와야지'라는 마음이 세상에 대한 배려예요.

오늘의 생각

오늘은 한술 밥쯤은 거뜬히 나눠 줄 수 있는 사람이 되어 보아요.

확장
어휘

십시일반
밥 열 술이 한 그릇이 된다는 뜻으로, 여러 사람이 조금씩 힘을 합하면 한 사람을 돕기 쉬움

十	匙	一	飯
열 십	숟가락 시	하나 일	밥 반

11일

가치

도전하다

挑	戰
돋울 도	경기 전

새로운 일이나 어려운 일을 해 보는 태도가 있다

결과가 어떨지 몰라도 전국 대회에 나가 보는 것, 어려울지 몰라도 바이올린을 배워 보는 것이 '도전'이에요. 도전이 없으면 성공도 없어요. 되든 안 되든, 일단 해 보는 거예요. 도전!

 예문

성공은 '도전'에서 나온다고 했어.
올해는 뭐든지 도전해 봐. 할 수 있을 거야.

비슷한 말
시도하다
어떤 것을 이루어 보려고 계획하거나 행동하다

반대말
회피하다
일하기를 꺼리어 선뜻 나서지 않다

20일

가치

상냥하다
부드럽고 친절하다

친구와 눈이 마주치면 따뜻한 미소로 답하는 것, 나를 도와준 친구에게 '고마워'라며 부드럽게 말하는 것이 '상냥함'이에요. 상냥함은 매우 쉬워요. 입꼬리를 올리고 눈꼬리를 내리며 '으흠?' 하고 소리 내어 보세요. 절로 부드럽고 친절한 미소가 나올 거예요.

 예문

오늘 만난 햇살은 제법 상냥했다.

 나긋나긋하다
사람을 대하는 태도가 매우 상냥하고 부드럽다

 무뚝뚝하다
말이나 행동, 표정 따위가 부드럽고 상냥스러운 면이 없어 정답지가 않다

빙그레

입을 약간 벌리고 소리 없이 부드럽게 웃는 모양

좋아하는 친구를 만났을 때, 맛있는 간식을 먹었을 때, 기분이 좋아서 저절로 입꼬리가 올라갈 때가 있어요. 바로 그때의 미소를 '빙그레'라고 해요. 빙그레는 크게 소리내는 웃음이 아니에요. 조용하지만 부드러운 미소지요. 우리가 빙그레 웃으면 다른 사람들도 따라 미소 짓게 돼요.

 예문

고맙다고 인사하는 붕어에게 메기는 빙그레 웃으며 말했다.

비슷한 말

방긋 입을 조금 벌리고 소리 없이 부드럽게 웃는 모습
싱긋 살짝 웃는 모습

19일

관용어

눈을 붙이다

잠을 자다

잠을 푹 잘 만큼 여유가 없는데 잠이 쏟아질 때, 눈꺼풀이 무거워지면서 눈이 감기려고 할 때 어떻게 해야 할까요? 그럴 땐 잠깐이라도 눈을 감고 잠을 자는 게 좋아요. 잠시 눈을 붙이는 거죠. 눈을 붙이고 나면 개운해질 거예요.

 예문

나는 여행에 들떠 잠을 설치다가 새벽녘이 돼서야 눈을 붙였다.

확장
어휘

눈을 돌리다
관심을 돌리다

13일

하늘은 스스로 돕는 자를 돕는다

어떤 일을 이루기 위해서는 자신의 노력이 중요하다

'스스로 돕는 자'는 어떤 사람일까요? 스스로 노력하는 사람이에요. '대신 해 줘'보다 '내가 할게'라고 자기 일을 미루지 않는 사람, '못할 것 같아'보다 '어려울지도 모르지만 일단 해 볼게'라고 도전하는 사람이에요. 스스로 노력하는 사람에게는 하늘도 도와준다고 해요.

오늘의 생각

아무것도 하지 않으면 그 무엇도 이루어지지 않는다는 걸 잊지 마세요.

확장 어휘	**주도적** 주동이 되어 이끄는 것	主	導	的
		주인 주	이끌 도	과녁 적

주동
어떤 일에 주장이 되어 움직임

DECEMBER

18일

사회

4학년 2학기

과반수

過	半	數
넘을 과	반 반	셈 수

전체의 반이 넘는 수

의견을 정할 때 전체의 반이 넘는 수, 즉 과반수의 찬성으로 정하는 경우가 많아요. 우리 반이 총 20명이라면 전체의 반인 10명이 넘는 수, 즉 11명 이상이 과반수예요. 특히 나라의 중요한 정책은 전체 국회의원의 과반수 출석과 출석한 의원의 과반수 찬성으로 결정된답니다.

 예문

우리 반 과반수가 나를 반장으로 뽑았어.

확장 어휘

정책 국민이 더 나은 생활을 할 수 있도록 마련하는 계획이나 방법(교육 정책, 외교 정책 등)

국회의원 국민의 선거에 의하여 선출된 국민의 대표. 국민의 대표 기관인 국회의 구성원

긍정적이다

肯	定
옳게 여길 긍	정할 정

그러하거나 옳다고 인정하는 태도가 있다

소심함을 세심함으로, 산만함을 활발함으로 보는 힘이 '긍정'이에요. 같은 상황을 긍정적으로 바라보면 단점이 장점으로 보여요. 긍정적인 하루 되세요.

 예문

긍정적인 눈으로 보니 오늘따라 공기도 상쾌하고, 하늘은 더 맑아.
심지어 내 짝도 근사해 보이는걸!

비슷한 말
낙관적이다
인생이나 사물을 밝고 희망적인 것으로 보다

반대말
부정적이다
그렇지 않다고 단정하거나
옳지 않다고 반대하다

17일

사필귀정

事	必	歸	正
일 사	반드시 필	돌아갈 귀	바를 정

모든 일은 반드시 바른길로 돌아감

처음에는 올바르지 못한 일이 잘되는 것처럼 보여도 나중에는 반드시 진실이 밝혀진답니다. 선행을 베푼 사람, 나쁜 짓을 저지른 사람 모두 한 일에 걸맞은 대가를 받게 되는 거지요.

 예문

사필귀정이라고 거짓말을 일삼으면 언젠가는 들통나서 신뢰를 잃게 돼.

확장
어휘

정의감 정의를 지향하는 생각이나 마음
정의 진리에 맞는 올바른 도리

15일

사자
성어

인지상정

人	之	常	情
사람 인	어조사 지	항상 상	뜻 정

사람이라면 누구나 가지는 보통의 마음

좋은 일에 함께 기뻐하는 마음, 어려운 사람을 돕고 싶은 마음, 억울한 일에 화나는 마음은 사람이라면 누구나 가지는 자연스러운 감정이에요. 사람이 다른 동물보다 훨씬 뛰어난 점이기도 해요.

 예문

달리기하다가 넘어진 친구를 일으켜주는 게
인지상정이지.

확장
어휘

인정 사람이 본래 가지고 있는 감정이나 심정
몰인정 인정이 전혀 없음

16일

갈팡질팡하다

일의 방향을 잡지 못하고 이리저리 헤매다

"너 누구 좋아해?"라는 친구의 물음에 '근우가 좋았다가 시현이가 좋았다가, 아 모르겠다!'라며 내 마음이 왔다 갔다 할 때, 청포도 맛 사탕과 캐러멜 맛 사탕 중에 하나 고르라는 선생님의 친절에 이걸 먹을지, 저걸 먹을지 고민되어 갈팡질팡해요. 가끔은 내 마음이지만 종잡을 수 없을 때가 있답니다.

  예문

오랜만에 하는 외식에서 토마토 파스타를 골랐다가 크림 파스타를 골랐다가…. 마음이 갈팡질팡해요.

비슷한 말 **우왕좌왕하다** 이리저리 왔다 갔다 하며 일이나 나아가는 방향을 종잡지 못하다

右	往	左	往
오른쪽 우	갈 왕	왼쪽 좌	갈 왕

16일

국어

반듯이 · 반드시

반듯이 : 비뚤어지거나 굽지 않고 바르게
반드시 : 꼭, 틀림없이

'반듯이'와 '반드시'는 읽을 때 소리가 같아 헷갈리는 어휘예요. 비스듬히 앉아 스마트폰을 보고 있는 사람에게는 '자세를 반듯이 하자'라고 말해요. 약속을 잊은 사람에게는 '약속을 반드시 지키자'라고 말해요. 여러분, 오늘은 반드시 독서한 뒤에, 책 정리를 반듯이 하세요!

 예문

문구점에 다양한 학용품이 반듯이 놓여 있다.
내일은 반드시 숙제를 잊지 않고 가져가야지!

| 확장 어휘 | **기필코** 틀림없이 꼭 (=반드시)
어김없이 어기는 일이 없이 |

15일

속담

가랑비에
옷 젖는 줄 모른다

사소한 일이라도 계속되면
나중에 큰 어려움을 겪는다

'가랑'은 안개를 뜻하는 옛말이에요. 안개만큼 작은 물방울 같은 비가 가랑비예요. '가랑비쯤이야'라는 생각에 굳이 우산을 쓰지 않았더니 자기도 모르는 사이에 옷이 젖어 버려요. 작고 사소한 것이라도 조금씩 반복되면 가랑비에 옷이 젖는 것처럼 큰일이 되어 돌이키기 어렵답니다.

오늘의 생각

여러분의 가랑비는 무엇인가요? 나도 모르는 사이에
나쁜 습관이 몸에 배진 않았나요?

확장 어휘

부지불식간
생각지도 못하고 알지도 못하는 사이

不	知	不	識	間
아닐 불(부)	알 지	아닐 불	알 식	사이 간

17일

가치

자유롭다

自	由
스스로 자	말미암을 유

구속이나 속박 따위가 없이 제 마음대로 할 수 있다

자유는 내 할 일을 제대로 할 때 누릴 수 있는 기쁨이에요. 남에게 얽매이거나 구속받기보다 내 일에 책임감을 가지고 행동하는 거예요. 이번 주는 부모님의 간섭에서 벗어나 자율적으로 지내 볼까요? 단, 무거운 책임감이 필요하다는 사실을 잊지 마세요!

 예문

내 생각을 자유롭게 말하는 건 인간의 당연한 권리야.

비슷한 말

자율적이다
자기 스스로의 원칙에 따라 어떤 일을 하거나 자기 스스로를 통제하여 절제하다

반대말

구속하다
행동이나 의사의 자유를 제한하거나 속박하다

14일

가치

공평하다

公	平
공평할 공	평평할 평

어느 쪽으로도 치우치지 않고 고르다

줄을 서서 기다린 순서대로 그네를 타는 것, 선생님이 우리 반 모두에게 똑같이 간식을 주시는 것, 학습지를 다 한 사람은 놀러 갈 수 있고, 다 못한 사람은 놀러 나갈 수 없는 것, 키가 작은 친구는 앞에서, 키가 큰 친구는 뒤에 서서 단체 사진을 찍는 것이 '공평'이에요.

 예문

아기 고양이 세 마리에게 고양이 밥을 공평하게 세 등분으로 나눠 주었다.

비슷한 말	**공정하다** 공평하고 올바르다
반대말	**불공평하다** 한쪽으로 치우쳐 고르지 못하다

속담

하나를 듣고 열을 안다

한마디 말을 듣고도
여러 가지를 알아낼 정도로 총명하다

셜록 홈스와 같은 탐정들은 한두 가지의 단서만으로도 사건의 진실을 알아
내기도 해요. 하나를 듣고도 열을 아는 사람 중 하나인 거죠. 친구들과 스무
고개를 할 때, 한두 개의 힌트만으로도 정답을 맞히는 사람도 하나를 듣고
열을 아는 총명한 사람이에요.

오늘의 생각

**하나를 깊이 생각하다 보면 열 개의 아이디어가 떠오르기도 해요.
여기서 중요한 건 '깊이 생각하기'랍니다!**

반대말	**하나만 알고 둘은 모른다** 생각이 밝지 못하여 도무지 융통성이 없고 미련하다

확장 어휘	**총명하다** 영리하고 기억력이 좋으며 재주가 있다

聰	明
귀밝을 총	밝을 명

13일

관용어

눈을 씻고 보다
정신을 바짝 차리고 집중하여 보다

모래사장에 소중한 반지를 떨어뜨렸어요. 반지를 찾기 위해서는 밝은 눈으로 집중해서 찾아야 해요. 눈을 씻고 봐야 찾으려는 반지를 찾을 수 있을 거니까요. 정신을 바짝 차리고 집중해서 봐야 할 때 '눈을 씻고 보다'라고 표현해요.

 예문

눈을 씻고 봐도 보이지 않던 내 공책이 아빠가 찾으면 나오더라. (참 이상한 일이지?)

 확장 어휘

눈에 불을 켜다
매우 욕심을 내거나 관심을 가지다

19일

청출어람

靑	出	於	藍
푸를 청	날 출	어조사 어	쪽 람

제자나 후배가 스승이나 선배보다 나음

'쪽'이라는 풀잎으로 만든 푸른색이 원래 쪽빛보다 더 푸르다는 뜻으로 제자가 스승보다 나을 때 쓰는 말이에요. 여러분을 가르친 선생님보다 여러분이 더 훌륭하다는 것은 최고의 칭찬이에요. 오늘은 청출어람에 도전해 보세요!

 예문

청출어람이라고 이제는 나겸이가
댄스 선생님보다 아이돌 춤을 더 잘 춘대.

확장 어휘	**뛰어나다** 남보다 월등히 훌륭하거나 앞서 있다 **특출하다** 특별히 뛰어나다

12일

국어

메다·매다

메다 : 어깨에 걸치거나 올려놓다
매다 : 줄을 엮어 풀어지지 않게 하다

끈이나 줄을 매었을 때 매듭이 생기는 것을 떠올려 '매듭'과 '매다'를 함께 기억하세요. '메다'는 어깨에 걸쳐 입는 '멜빵 바지'를 떠올리면 쉬워요. 신발 끈은 매고, 가방은 메야 해요. '메다'는 '막히거나 가득 차다'라는 또 다른 뜻이 있어요. 감정이 북받쳐 목구멍에 뭔가 차오르는 느낌을 가리킬 때 '목이 메다'라는 표현을 써요.

 예문

가방을 메고 나가기 전에
신발 끈을 먼저 단단히 매야 해요.

| 확장
어휘 | **배다** 스며들거나 익숙해지다 (옷에 땀이 배다)
베다 날이 있는 물건으로 끊거나 자르다 (칼에 손을 베다) |

JANUARY

20일

3학년 1학기

과학

측정

測	定
잴 측	정할 정

일정한 양을 기준으로 하여
같은 종류의 다른 양의 크기를 잼

길이, 무게, 온도 등을 재는 활동이 측정이에요. 손바닥의 길이로 한 뼘, 두 뼘 등의 길이를 재거나, 한 줌, 두 줌 등 양손으로 담아 부피를 재는 것도 측정이에요. 하지만 정확하게 측정하기 위해서는 자, 저울, 온도계 등의 도구를 사용해요. 오늘 나의 키는 몇 cm인지 측정해 보세요.

 예문

유리컵에 물을 담아 전자저울에 올려놓으면
물의 무게를 측정할 수 있구나.

확장
어휘

어림 대강 짐작으로 헤아림
뼘 길이의 단위. 한 뼘은 엄지와 다른 손가락을 한껏 벌린 길이

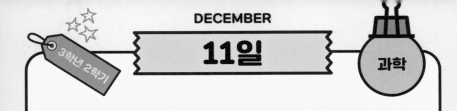

부피
물체가 차지하는 공간의 크기

크게 분 풍선은 부피가 커요. 부피가 크다고 모두 무거운 것은 아니에요. 부피는 작지만 무거운 쇳덩이도 있고, 부피는 크지만 가벼운 솜도 있어요. 물이 담긴 페트병을 냉동실에 넣고 얼리면 페트병이 팽창해요. 물이 얼면 부피가 커지기 때문이에요.

 예문

고체는 담는 그릇이 바뀌어도 모양과 부피가 일정한 물질의 상태이다.

확장 지식

커다란 욕조에 물을 가득 채운 뒤 내 몸을 담가요. 물이 차지하던 공간에 내 몸을 넣으면 어떻게 될까요? 물이 넘치겠죠? 넘쳐 나온 물의 양이 바로 내 몸의 부피예요. 모양이 일정하지 않고 울퉁불퉁한 물체의 부피는 물에 넣어 잴 수 있어요.

JANARY

JANUARY

21일

감정

살갑다

마음씨가 부드럽고 상냥하다

따뜻하게 나를 품어 주시는 할머니는 참 살가워요. '살갑다'는 부드럽고 상냥해서 참 편안하게 만들어 주는 기분이에요. 가까운 느낌, 안기고 싶은 느낌과도 비슷하죠. 훌쩍이고 있는 동생이나 실망한 친구에게 살갑게 대해 주세요. 살가움은 사랑을 키워 주니까요.

 예문

전학을 온 친구를 살갑게 대하지 못해서
미안한 마음이 들었어.

확장 어휘	다정하다	정이 많다
	싹싹하다	눈치가 빠르고 사근사근하다
	곰살갑다	성질이 보기보다 상냥하고 부드럽다

10일

통쾌하다

痛	快
아플 통	기쁠 쾌

속이 뻥 뚫린 것처럼
시원하게 느껴지는 마음

작다고 놀리던 형과 팔씨름을 해서 이겼을 때 드는 감정, 동생과 심부름 내기를 건 가위바위보에서 내가 이겼을 때 드는 감정, 맨날 달리기에서 꼴찌만 하던 내가 1등 했을 때의 감정이 '통쾌함'이에요. 잠깐! 내가 통쾌할 때 다른 사람은 어떤 감정일지 살필 줄 아는 넓은 마음도 필요해요.

 예문

**월드컵 경기에서 우리나라 선수들이 4:1로
통쾌하게 이겼어요.**

비슷한 말

유쾌하다 즐겁고 상쾌하다
흔쾌하다 기쁘고 유쾌하다

 **확장
어휘**

고소하다
미운 사람이 잘못되는 것을 보고 속이 시원하고 재미있다

22일

사회

경제

經	濟
다스릴 경	구할 제

살아가는 데 필요한 재화를 얻거나 이를 이용하는 활동

경제는 원래 나라를 다스리고 백성을 구한다는 말이었지만 요즘에는 물품을 사고파는 모든 활동을 말해요. 우리는 매일 경제 활동을 해요. 부모님께 용돈을 받아 준비물을 사고, 군것질을 하는 것도 경제 활동에 속해요. 오늘은 어떤 경제 활동을 했나요?

 예문

시장에 가면 빵집에서 빵을 만들어 파는 모습, 옷 가게에서 옷을 사는 모습, 미용실에서 머리를 다듬는 모습 등 다양한 경제 활동 모습을 볼 수 있습니다.

확장 어휘

재화 돈이나 물건처럼 만질 수 있는 것

서비스 만질 수는 없지만 사람들이 만족을 느끼도록 하는 노력

● 재화와 서비스를 만들고 나누는 모든 활동이 경제 활동이에요.

9일

속담

구슬이 서 말이라도 꿰어야 보배

아무리 좋은 것이라도 쓸모 있게 만들어야 가치 있다

'서'는 서너 개를, '말'은 부피를 재는 단위예요. 한 말은 약 18L 정도예요. '서 말'은 약 54L나 되지요. 커다란 생수병이 54개나 되는 양만큼 구슬을 가지고 있으면 뭐해요. 아무런 쓰임이 없으면 예쁜 구슬이라도 소용이 없어요. 팔찌도 만들고, 목걸이도 만들어야죠.

오늘의 생각

여러분은 어떤 구슬(재능)을 가지고 있나요?
오늘부터 자신의 구슬(재능)을 잘 갈고 닦길 바라요!

확장
어휘

노력하다
목적을 이루기 위하여 몸과 마음을
다하여 애쓰다

努	力
힘쓸 노	힘 력

23일

발을 뻗다

걱정되거나 애쓰던 일이 끝나 마음을 놓다

걱정을 마음에 품고 있으면 잠이 오질 않고 자꾸만 이리저리 뒤척거려요. 팔다리를 쭉 뻗고 편하게 잠을 잘 수가 없는 거죠. 반대로 걱정이 사라져 마음이 놓이면 편하게 발을 뻗고 누울 수 있어요. 발 뻗고 편히 자는 작은 행복을 오늘도 누려 보세요.

 예문

드디어 방학 숙제를 다 끝냈어.
오늘은 발 뻗고 잘 수 있겠다!

| 확장
어휘 | **발을 구르다**
매우 안타까워하거나 다급해하다 |

8일

가치

성실하다

誠	實
정성 성	열매 실

정성스럽고 참되다

엄마가 시키지 않아도 알아서 숙제하는 것, 학교 가기 전에 매일 연필을 깎아 필통에 넣어 두는 것, 학교 앞 문구점 아저씨가 아이들 등교 전에 가게 문을 여는 것이 '성실'이에요. 무슨 일이든 정성껏 하며 약속을 잘 지키는 사람은 참 성실해요.

 예문

세연이는 수업 시간에 공부한 내용을 배움 노트에 정성껏 기록하는 **성실한** 학생이다.

비슷한 말

착실하다
사람이 허튼 데가 없이 찬찬하며 실하다

반대말

불성실하다
정성스럽고 참되지 않다

24일

가치

지혜롭다

智	慧
슬기 지	슬기 혜

생활의 이치를 잘 이해하고 판단한다

서로 의견이 달라 충돌할 때 차분하게 대화로 해결하는 것, 결과를 예상하고 더 나은 선택을 하는 것이 '지혜'예요. 똑똑한 나도 멋지지만 '지혜로운 나'가 되려고 노력하는 하루가 되세요.

 예문

시험을 앞두고 미리 공부하는 건 벼락치기보다 지혜로운 행동이야.

비슷한 말

슬기롭다
사리를 바르게 판단하고 일을 잘 처리해 내는 재능이 있다

반대말

어리석다
슬기롭지 못하고 둔하다

관용어

구미가 당기다

口	味
입 구	맛 미

욕심이나 관심이 생기다

'구미'는 입맛을 뜻해요. 입맛이 당긴다는 건 음식뿐만 아니라 어떤 일에 흥미가 일어난다는 의미로 넓게 쓰일 수 있어요. '구미가 돌다'라고도 해요. 요즘 나에게 부쩍 구미가 당기는 일은 무엇인가요?

 예문

마라탕을 먹으러 가자는 수영이의 제안에 나는 구미가 당겼다.

 확장 어휘

구미가 동하다 무엇을 차지하고 싶은 마음이 생기다
구미에 맞다 취향에 맞다
구미를 돋우다 관심을 가지게 하다

25일

도둑이 제 발 저리다

지은 죄가 들킬까 봐 조마조마하다

잘못해서 들킬까 봐 조마조마했던 적이 있나요? 무언가 잘못해서 긴장하면 심장이 두근거리고, 몸이 경직되어 손발이 저리고, 손에서도 식은땀이 나죠. 잘못이 있으면 발뺌하기보다 솔직하게 인정하고 반성하는 것이 더 현명하답니다.

오늘의 생각

혹시 잘못이 있다면 지금이라도 고백하세요!

=3

확장 어휘		
발뺌하다	자신이 한 일을 책임지지 않고 빠지다	
잡아떼다	아는 것을 모른다고 하거나 한 것을 안 했다고 하다	

6일

금시초문

今	時	初	聞
이제 금	때 시	처음 초	들을 문

바로 지금 처음으로 들음

어떤 소문이나 사실을 처음 듣고 놀라는 상황을 말해요. 자신이 전혀 알지 못한 어떤 이야기를 남에게서 처음 듣게 되면 놀랍거나 당황스러울 때가 있어요. 알고 있으면서 모른다고 발뺌할 때 쓰면 안 되겠죠?

 예문

오늘 단원평가 시험을 친다는데 난 금시초문인걸? (큰일 났다!)

 확장 어휘

소문 사람들 입에 오르내려 전하여 들리는 말
풍문 바람처럼 떠도는 소문

26일

사자
성어

각골난망

刻	骨	難	忘
새길 각	뼈 골	어려울 난	잊을 망

남에게 입은 은혜가 뼈에 새길 만큼 커서 잊히지 아니함

'각골'은 뼈에 새김을, '난망'은 잊기 어려움을 의미해요. 다른 사람에게 입은 감사는 크든 작든 뼈에 새길 만큼 잘 기억했다가 보답하는 사람이 되세요. 감사한 사람에게 손으로 작은 하트라도 날려 볼까요?

 예문

열이 펄펄 끓던 날, 밤새 나를 돌봐 주신
어머니의 은혜는 각골난망이었다.

확장
어휘

은혜 고맙게 베풀어 주는 신세나 혜택
신세 다른 사람에게 도움을 받거나 폐를 끼치는 일

5일

사회

공정 무역

公	正	貿	易
공평할 공	바를 정	바꿀 무	바꿀 역

국제 무역에서 국가 간에 무역 혜택이 동등하게 이뤄지도록 하는 무역

초콜릿의 주원료는 카카오예요. 카카오 농장에서 일하는 아이들은 혹독한 노동을 하고도 매우 적은 돈밖에 받지 못해요. 초콜릿 기업이 더 많은 이익을 남기기 위해서지요. 물건을 만든 나라의 노동자들에게 정당한 대가를 주기 위해 공정 무역이 등장했어요. '착한 소비'라 불리기도 해요.

 예문

공정 무역 인증을 받은 축구공은 어린이들이 일하는 것을 금지하고, 축구공 생산자에게 더 많은 이익을 주는 조건으로 만들어집니다.

확장 어휘	
교역	나라와 나라 사이에서 물건을 사고팔고 하여 서로 바꿈
거래	주고받음 또는 사고팖

27일

과학

분류

分	類
나눌 분	무리 류

종류에 따라 가름

'네모 모양, 세모 모양'으로, '땅에 사는 생물, 물에 사는 생물'로 가르는 것이 분류예요. 공통점과 차이점을 바탕으로 무리 짓는 활동이지요. 우리 가족의 공통점과 차이점을 떠올려 분류해 볼까요?

 예문

아주 옛날 사람들은 주변의 식물을
먹을 수 있는 것과 없는 것, 약으로 쓰는 것 등
쓰임새에 따라 분류했어요.

확장
어휘

분석 얽혀 있거나 복잡한 것을 풀어서 개별적인 요소나 성질로
　　　 나눔

구분 전체를 몇 개로 갈라 나눔

4일

속담

밤이 깊어 갈수록 새벽이 가까워온다

어려운 상황을 참고 이겨 내면 희망찬 시간이 다가온다

모든 것을 포기할 만큼 힘들었던 적이 있나요? 어려움에서 벗어날 방법은 분명히 있어요. 그것이 희망이지요. 절망과 포기를 선택하지 마세요. 지금은 밤이어도 곧 새벽이 가까워 오니까요. 지금 당장 힘들다면 "곧 새벽이 오고 있어!"라는 희망의 주문을 외워 보세요.

오늘의 생각

지금 마음속에 어떤 희망을 품고 있나요?

확장
어휘

염원하다
마음에 간절히 생각하고 기원하다

念	願
생각할 념(염)	바랄 원

28일

심란하다

心	亂
마음 심	어지러울 란

마음이 어수선하다

복잡하고 이해하기 어려운 상황에 처하면 마음이 어수선해져요. 마치 마음 속 실타래가 이리저리 뒤엉켜 실마리를 찾기 어려운 것처럼요. 해결책이 눈 앞에 보이지 않을 때 어찌해야 할 바를 몰라 마음이 심란해요. 마음이 심란 한 날에는 몸을 움직여 보세요. 어수선한 마음이 훨씬 나아질 거예요.

 예문

피아노 경연을 앞두고 있던 나는 심란한 마음에
밤을 꼬박 지새웠다.

비슷한 말

뒤숭숭하다 느낌이나 마음이 어수선하고 불안하다
싱숭생숭하다 마음이 들떠서 갈팡질팡하고 어수선하다
착잡하다 갈피를 잡을 수 없이 뒤섞여 어수선하다

3일

사회

소비

消	費
사라질 소	쓸 비

돈, 물건, 시간 따위를 써서 없앰

오늘은 소비자의 날이에요. 과자를 사 먹거나 학원에 수업료를 내고 수업을 받는 것이 '소비'예요. 돈이나 시간, 물건을 쓰는 것처럼 무엇인가 쓰는 것을 말해요. 생산한 것을 사서 쓰거나 서비스를 이용하는 활동이 소비지요. 지나치게 많이 쓰면 안 돼요! 과소비가 될 수 있거든요.

 예문

싱싱한 양파를 싼 가격에 샀어요.
저의 소비로 농부들도 도울 수 있어서 정말 좋았어요.

확장
어휘

생산 인간이 생활하는 데 필요한 각종 물건을 만들어냄

과소비 필요하지 않은 물건을 사거나 버는 것보다 쓰는 것이 많음

● 과소비의 '과'는 지나침을 뜻해요

29일

가치

신뢰하다

信	賴
믿을 신	의지할 뢰

굳게 믿고 의지하다

없어진 물건에 함부로 내 짝을 의심하지 않는 것, 친구가 약속을 지킬 거라고 굳게 믿는 것, 가족은 언제나 내 편이라고 믿고 의지하는 것이 '신뢰'예요. 신뢰는 관계를 단단하게 하는 힘이에요. 나는 누구를 신뢰하나요? 나를 신뢰하는 누군가가 있나요?

 예문

십년지기 친구와 나 사이에는 두둑한 신뢰가 쌓여 있어요. 역시 함께 나눈 시간이 길어서일까요?

비슷한 말

믿다
어떤 사실이나 말을 꼭 그렇게 될 것이라고 생각하거나 그렇다고 여기다

반대말

의심하다
확실히 알 수 없어서 믿지 못하다

2일

예의

禮	儀
예절 례(예)	거동 의

다른 사람에게 존경의 뜻을 나타내는 말투나 행동

하고 싶은 말이 있어도 엄마가 전화 통화를 마칠 때까지 조용히 기다리는 것, 밥을 다 먹고 나서 "잘 먹었습니다"라고 말씀드리는 것, 공공장소에서 뛰지 않고 조용히 다니는 것이 '예의'예요. 내가 존중받으려면 나부터 예의 바른 사람이 되어야 해요.

 예문

엘리베이터 안에서 만난 할아버지께 "안녕하세요?"라고 인사드렸더니 "예의 바른 아이구나!"라며 칭찬해 주셨다. (쑥스럽지만 인사하길 잘했어!)

 비슷한 말

에티켓 남에게 지켜야 할 예절
예절 예의에 관한 모든 절차
매너 일상생활에서의 예의와 절차

30일

감정

측은하다

惻	隱
슬퍼할 측	가엾어 할 은

가엾고 불쌍하다

불쌍한 사람을 보면 돕고 싶은 마음, 책이나 영화 속에서 엄마를 잃은 아이를 안아 주고 싶은 마음이 측은함이에요. 다른 사람의 불행을 봤을 때 느껴지는 슬픔이지요. 슬픔을 덜어 주고, 위로해 주고 싶은 예쁘고 아름다운 마음이에요.

 예문

비틀비틀 움직이는 길고양이 토리의 뒷모습이
몹시 측은해 보였다.

비슷한 말   **애처롭다** 가엾고 불쌍하여 마음이 슬프다
           불쌍하다 처지가 안되고 애처롭다

1일

주저하다

躊	躇
머뭇거릴 주	머뭇거릴 저

머뭇거리며 망설이다

무서운 느낌이 들거나 믿음이 가지 않는 일 앞에 서면 드는 감정이 '주저함'
이에요. 위험한 일을 피하거나 조심하려는 마음이기도 해요. 지나치게 주저
하다 보면 용기와 도전이 필요한 일에도 자꾸 어디론가 숨어 버리고 싶을지
도 몰라요. 주저하는 마음과 도전하는 마음의 균형을 잘 잡아보세요.

 예문

선생님의 질문에 손을 들까 말까 주저하다가
기회를 놓쳐 버렸다. (아…. 아쉽다.)

비슷한 말

머뭇거리다 말이나 행동 따위를 선뜻 결단하여 행하지 못하고
자꾸 망설이다

뭉그적거리다 나아가지 못하고 제자리에서 조금 큰 동작으로
자꾸 게으르게 행동하다

JANUARY

31일

과학

혜성

彗	星
꼬리별 혜	별 성

긴 꼬리를 끌고 긴 타원이나 포물선에 가까운 궤도를 그리며 운행하는 천체

태양 주위를 타원 모양을 그리며 일정한 주기로 도는 천체예요. 여러 기체가 섞인 얼음과 먼지로 이루어져 있어요. 긴 꼬리처럼 보이는 입자가 있어 꼬리별이라고도 해요. 76년 주기로 도는 핼리 혜성은 다가오는 2062년에 만날 수 있을 거라 예상하고 있어요.

 예문

혜성은 태양 주위를 도는 작은 천체로,
태양 근처로 오면 밝게 빛납니다.

확장 어휘	**별똥별** 혜성에서 떨어져나온 먼지가 지구로 떨어지면서 불타는 현상
다른 뜻	**혜성** (비유적으로) 어떤 분야에서 갑자기 뛰어나게 드러나는 존재 [예문: 혜성같이 나타나다]

DECEMBER

12월

구슬이 서 말이라도 꿰어야 보배,
매일 얻은 어휘 구슬을 잘 꿰어 보배롭게 사용하세요!

FEBRUARY

구르는 돌은 이끼가 끼지 않아요.
어휘력도 꾸준함이 최고예요!

과학

서리

수증기가 땅이나 물체에 닿아 얼어 버린 것

수증기가 얼음으로 얼어 버린 것을 서리라고 해요. 서리는 공기 중의 수증기가 차가운 땅이나 물체에 닿아 얼거나 공기 중에서 바로 얼어서 서리가 생기기도 해요. 서리는 주로 갑자기 추워지는 늦가을 새벽에 내려서 농작물에 큰 피해를 주기도 해요.

 예문

서리는 공기 중의 수증기가 물을 거치지 않고
곧바로 얼어붙은 현상이다.

확장
어휘

이슬 수증기가 물방울로 맺힌 것

● 이슬과 서리는 둘 다 공기 중의 수증기가 땅 위의 물체에 맺혀 생겨요. 물방울 형태로 맺히는 게 이슬, 얼음 형태로 맺히는 게 서리예요.

1일

빙산의 일각

氷	山	一	角
얼음 빙	산 산	하나 일	모퉁이 각

● 일각: 커다란 전체 중의 한 귀퉁이

드러난 것은 일부분에 지나지 않다

빙산은 얼음으로 이루어진 산으로 바다 위에 떠 있어요. 우리는 수면 위로 드러난 아주 적은 부분의 빙산을 볼 수 있어요. 나머지 대부분은 수면 아래에 숨겨져 있거든요. 대부분이 숨겨져 있고 겉으로 드러난 부분은 일부분에 지나지 않을 때 쓰는 말이에요.

 예문

엄마가 내 친구들에게 보여 준 요리 솜씨는
빙산의 일각일 뿐이야. (사실 요리 장인이시거든!)

확장
어휘

단면 사물이나 사건의 여러 현상 가운데 한 부분적인 측면
일면 물체나 사람의 한 면. 또는 일의 한 방면

29일

관용어

한 입 건너 두 입

소문이 차차 널리 퍼지다

한 사람의 입으로 전해진 이야기는 두 사람이 알게 되고, 두 사람이 전한 이야기는 네 사람이 알게 돼. 이처럼 소문은 금세 퍼진답니다. 쉿! 소문을 함부로 옮기지 마세요. 입은 무거울수록 좋거든요.

 예문

한 입 건너 두 입이라더니, 내가 태권도 대회에서
큰 상을 받았다는 소문이 온 동네에 다 퍼졌어.

확장
어휘

발 없는 말이 천 리 간다
말은 비록 발이 없지만 천 리 밖까지도
순식간에 퍼진다

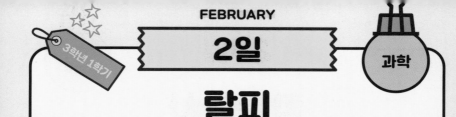

2일

탈피

脫	皮
벗을 탈	껍질 피

파충류, 곤충류 따위가 자라면서 허물이나 껍질을 벗음

파충류나 곤충은 자라면서 여러 번 허물이나 껍질을 벗어요. 즉, 탈피하며 몸이 커지는 거죠. 단단한 껍질이 몸을 덮고 있으면 잘 성장하지 못해요. 그래서 오래된 껍질을 벗는 탈피를 하는 거예요. 이때 벗은 껍질을 허물이라고 해요.

 예문

매미는 긴 세월 동안 땅속에서 살다가 나무 위로 기어 올라와서 탈피한다.

다른 뜻

탈피
일정한 상태나 처지에서 완전히 벗어남
[예문: 고정관념에서 탈피해야 한다]

확장 어휘

허물
파충류, 곤충류 따위가 자라면서 벗는 껍질

28일

사자성어

함흥차사

咸	興	差	使
다 함	일어날 흥	사신 보낼 차	사신 사

심부름을 가서 오지 않거나 늦게 온 사람

조선을 세운 이성계의 아들들은 서로 왕좌를 차지하려고 싸웠어요. 왕좌를 차지한 이방원은 함흥으로 떠난 아버지를 모셔 오려고 차사들을 계속 보냈지만, 이성계는 차사를 죽이거나 가두어 버렸어요. 이 일화로 심부름을 간 사람이 돌아오지 않을 때 함흥차사라고 부르게 되었어요.

● 차사: 임금이 중요한 임무를 위하여 파견하던 임시 벼슬. 또는 그런 벼슬아치

 예문

과학실로 실험 도구를 챙기러 간 지율이가 함흥차사네.
내가 과학실로 가봐야겠어.

확장 어휘	**감감무소식** 소식이나 연락이 전혀 없는 상태
	두절 교통이나 통신 따위가 막히거나 끊어짐

3일

고독하다

孤	獨
외로울 고	홀로 독

세상에 홀로 떨어져 있는 듯이 매우 외롭고 쓸쓸하다

위로가 필요한 날, 내 이야기를 들어 주며 손잡아 줄 누군가가 없다는 느낌이 드는 것이 '고독함'이에요. 고독은 많은 사람과 함께 있어도 느껴질 수 있어요. 내가 모르는 이야기에 대해 친구들끼리 신나게 대화를 나눌 때 나도 모르게 고독하다는 생각이 들 수 있어요.

 예문

오늘따라 홀로 남겨진 할아버지가 고독해 보여
발걸음이 떨어지질 않았다.

비슷한 말

적막하다 고요하고 쓸쓸하다
적적하다 조용하고 쓸쓸하다

27일

뜨끔하다
잘못이 있어 찔리는 마음

언니 몰래 사탕을 먹었는데 "내 사탕 못 봤어?"라고 언니가 물을 때, 숙제도 안 하고 놀고 있는 나에게 "숙제는 다하고 노는 거지?"라고 엄마가 물어보시면 내 마음을 바늘로 찌르듯 뜨끔한 감정이 들어요. 실수하거나 잘못이 들킬까 봐 드는 양심의 마음이에요.

 예문

"아침부터 부모님께 짜증 부린 친구는 없죠?"라는 선생님 말씀에 괜스레 뜨끔했어요.

확장
어휘

찔리다 감정 따위가 세게 자극되다
걸리다 어떤 일을 하다가 도중에 들키다

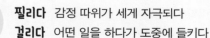

4일

2학년 1학기

국어

날갯짓

날개를 치는 짓

'날개'와 '짓'이 합해져 만들어진 낱말이에요. 새나 곤충이 날기 위해 날개를 움직이는 모습을 뜻해요. 어떤 일을 열심히 하거나 활발하게 움직이는 모습을 표현할 때도 사용되고요. 꿈을 향해 날갯짓하며 도전하는 모습처럼 말이에요. 여러분도 하늘을 나는 새처럼 꿈을 향해 날갯짓하세요!

 예문

나비의 날갯짓 한 번에 꽃잎들이 춤을 추었어요.

확장 어휘	비상 공중을 낢	飛	翔
		날 비	빙빙 돌아 날 상

26일

속담

하루가 여삼추

如	三	秋
같을 여	석 삼	가을 추

하루가 세 번의 가을을 지낸 것처럼 매우 길게 느껴진다

하루가 세 번의 가을을 맞은 것처럼 느껴진다는 말은 짧은 시간이 매우 길게 느껴짐을 의미해요. 아파서 병원에 입원했을 때, 내가 만든 쿠키가 잘 구워지기까지 기다릴 때, 단원 평가를 치고 두근거리는 마음으로 결과를 기다릴 때 하루가 여삼추처럼 느껴져요.

오늘의 생각

짧은 기다림도 매우 길게 느껴질 때가 있었나요?

확장
어휘

무료하다
흥미 있는 일이 없어 심심하고 지루하다

無	聊
없을 무	즐길 료

5일

쥐구멍에 숨다

부끄럽거나 난처하여 어디에라도 숨다

쥐가 위험을 느끼면 작은 구멍으로 재빨리 숨어 버리는 것처럼, 우리도 어떤 상황에서 숨고 싶을 때가 있어요. 중요한 순간에 실수하거나, 친구들 앞에서 창피한 일을 당하거나, 예상치 못한 어려운 상황을 맞닥뜨릴 때 '쥐구멍에 숨고 싶다'라는 기분이 들어요.

 예문

구두쇠 영감은 쥐구멍에라도 숨고 싶은지 주변을 두리번거렸지요.

비슷한 말 **낯부끄럽다**
염치가 없어 얼굴을 보이기가 부끄럽다

25일

가치

자신감

自	信	感
스스로 자	믿을 신	느낄 감

어떤 일을 스스로 할 수 있다는 느낌

2단뛰기를 한 번 뛰고 나서 다음에는 두 번, 세 번을 뛸 수 있을 거라고 믿는 마음, 엄마가 데리러 오지 않아도 혼자 집에 갈 수 있다고 믿는 마음, 원어민 선생님께 "Hi"라고 인사할 수 있다고 믿는 것은 자신감을 가졌기 때문이에요. '나는 할 수 있다'라고 믿을 때 자신감이 커져요. 자신감은 무엇이든 도전하게끔 해 줘요.

 예문

나는 후들거리는 다리로 학예회 공연장에 올라섰지만 "화이팅"을 외치는 친구들 덕분에 자신감을 가졌다.

비슷한 말
자신
어떤 일을 해낼 수 있다거나 어떤 일이 꼭 그렇게 되리라는 데 대하여 스스로 굳게 믿음

반대말
좌절감
계획이나 의지 따위가 꺾여 자신감을 잃은 느낌

6일

과학

예상

豫	想
미리 예	생각 상

어떤 일을 직접 당하기 전에 미리 생각하여 둠

관찰하거나 측정한 결과를 바탕으로 앞으로 일어날 수 있는 일을 생각하는 활동이 '예상'이에요. 관찰한 내용이나 경험하여 알고 있는 것에서 규칙성을 찾으면 정확하게 예상할 수 있어요.

 예문

오늘은 페트병을 사용해 색 모래가 떨어지는 데 걸리는 시간을 예상했어.

확장 어휘

상상 실제로 경험하지 않은 현상이나 사물에 대하여 마음속으로 그려봄

예측 앞으로 있을 일을 미리 헤아려 짐작함

24일

관용어

미역국을 먹다

시험에서 떨어지다

미역의 생김새는 매끈매끈, 촉감은 미끌미끌해요. 미역이 미끄러워서인지 시험 치기 전에 미역국을 먹으면 시험에서 미끄러져 떨어진다는 미신이 생겼어요. '미역국을 먹었어'라고 하면 시험에서 떨어졌다는 의미로 쓰여요. 설마 열심히 노력하지 않고 애꿎은 미역국을 탓하는 건 아니겠지요?

 예문

용진이는 지난 시험에서 미역국을 먹더니,
이번에는 더 열심히 준비하더라.

확장
어휘

떡국을 먹다 설을 쇠어서 나이를 한 살 더 먹다
국수를 먹다 결혼식에 초대를 받거나 결혼식을 올리다

7일

조삼모사

朝	三	暮	四
아침 조	석 삼	저녁 모	넉 사

간사한 꾀로 남을 속여 놀림

아침에 3개, 저녁에 4개의 간식을 준다고 하니 화를 내던 원숭이들이 아침에 4개, 저녁에 3개를 준다고 했을 때는 좋아했다는 우화에서 나온 말이에요. 눈앞의 차이만 알고 결과가 같음을 모르는 어리석은 상황이지요.

 예문

방학이 이틀 일찍 시작한다고 좋아했는데
조삼모사라고 개학도 이틀 일찍 시작한대.

확장
어휘

속임수 남을 속이는 짓이나 그런 술수
기만하다 남을 속여 넘기다

23일

5학년 2학기

사회

교류

交	流
사귈 교	흐를 류

물건이나 문화, 사상 등을 주고받는 것

교류의 원래 뜻은 서로 다른 물줄기가 섞이어 흐른다는 것이에요. 사회에서는 이웃 나라끼리 물건, 기술, 문화, 종교 등을 주고받는 의미로 쓰여요. 필요한 무언가를 한 나라에서 모두 만들어 낼 수 없어서 교류가 필요해요. 요즘 우리나라의 드라마나 K-POP이 퍼져 나가 한류 열풍을 일으킨 것도 교류로 인한 현상이에요.

 예문

삼국과 가야는 경쟁하면서 갈등을 겪기도 했지만,
교류하면서 문화를 주고받기도 했다.

확장 어휘

왕래 가고 오고 함

문화 사회 구성원의 행동 양식이나 생활 양식. 의식주를 비롯하여 언어, 풍습, 종교, 학문, 예술, 제도 따위를 모두 포함한다

8일

속담

등잔 밑이 어둡다

가까이 있는 것을 도리어 찾지 못한다

요즘은 전기로 빛을 내지만 옛날에는 기름을 담아 등불을 켰어요. 기름이 쏟아지면 위험해서 받침 위에 등불을 올려놓았어요. 그래서 등잔 바로 밑에는 오히려 그림자가 생겨 어두워요. 물건이 사라져서 한참을 찾다 보니 바로 내 가까이 있었던 경험이 있나요?

오늘의 생각

너무 가까이에 있어서 잊어버린 작고 사소한
행복은 무엇인지 가족과 함께 이야기 나눠 보세요.

확장 어휘	**등하불명** 등잔 밑이 어둡다	燈	下	不	明
		등잔 등	아래 하	아닐 불	밝을 명

22일

사자 성어

우공이산

愚	公	移	山
어리석을 우	어른 공	옮길 이	산 산

어떤 일이든 끊임없이 노력하면 반드시 이루어짐

'우공이 산을 옮긴다'라는 말이에요. 옛날, 우공이라는 노인이 집 앞을 가로막은 산에 길을 내려고 산의 흙을 퍼 날랐대요. 사람들은 그 행동을 비웃었지만 우공은 포기하지 않았어요. 결국 그 노력에 감동한 하느님이 산을 옮겨 주었어요. 한 가지 일을 끝까지 밀고 나가 보세요. 산도 옮길 수 있으니까요.

 예문

매일 10분씩 글씨 연습을 했더니 예쁜 글씨 대회에서
1등을 하는 우공이산의 기적을 맛보게 되었어.

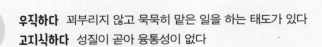

확장
어휘

우직하다 꾀부리지 않고 묵묵히 맡은 일을 하는 태도가 있다
고지식하다 성질이 곧아 융통성이 없다

9일

겸손하다

謙	遜
겸손할 겸	겸손할 손

다른 사람을 존중하고
나 자신을 내세우지 않는 태도가 있다

"너 멋지다"라는 친구의 칭찬에 "너도 참 멋져" 하고 말할 수 있는 마음이 겸손이에요. 우쭐해하거나 뽐내지 않아도 이미 나는 멋진 사람이에요. 내 자랑만 늘어놓기보다, 친구의 장점을 칭찬해 보세요. 친구의 미소와 나의 겸손을 동시에 얻는 비법이랍니다.

 예문

김연아 선수는 대회에서 우승하고도
곁에서 도와 주신 분들 덕분이라며
겸손함을 보였다.

반대말	
거만하다	잘난 체하며 남을 업신여기는 데가 있다
오만하다	태도나 행동이 건방지거나 거만하다

21일

감정

찜찜하다
마음에 꺼림칙한 느낌이 있다

숙제하다 말고 친구 만나러 나설 때 드는 마음, 기분 나쁜 꿈을 꿨을 때 드는 기분, 친구의 험담을 하고 괜한 말을 했나 싶을 때 드는 마음, 엄마가 가스 불을 껐는지 헷갈릴 때 드는 꺼림칙한 마음이 '찜찜함'이에요. 만족스럽지 못하거나 걱정스러운 일로 마음에 걸리는 게 있으면 온종일 찜찜해요.

 예문

연지에게 솔직한 내 심정을 쏟아붓고 나니 후련함보다
찜찜한 마음이 더 크네. (괜히 말했나?)

비슷한 말

찝찝하다 개운하지 않고 무엇인가 마음에 걸리는 데가 있다
꺼림칙하다 마음에 걸려서 언짢고 싫은 느낌이 있다

10일

4학년 1학기

사회

다수결

多	數	決
많을 다	셈 수	결정할 결

많은 사람의 찬성으로 결정함

어떤 일을 결정할 때 더 많은 사람이 찬성하는 의견으로 결정하는 것을 말해요. 모든 사람의 의견이 같을 수 없으니까요. 하지만 서로 의견이 달라서 갈등이 생길 수도 있어요. 충분한 시간을 두고 대화와 타협으로 의견을 조정해야 해요. 그렇다고 소수의 의견을 무시해 버리거나, 나의 의견과 다르다고 따르지 않으면 안 돼요.

 예문

투표하여 다수결의 원칙에 따르되,
소수의 의견도 존중해야 합니다.

확장
어휘

갈등 생각이나 입장이 달라서 서로 대립하거나 다투는 상태

 葛藤(칡 갈, 등나무 등) 칡과 등나무가 서로 꼬이고 엉켜 풀리지 않는 모습을 빗댄 말이에요.

20일

국어

바라다 · 바래다

바라다 : 어떤 일이 이루어지기를 기대하다
바래다 : 색이 옅어지거나 누렇게 변하다

생일 선물을 바라는 것, 친구와 함께 놀기를 바라는 것처럼 어떤 일이 이루어지기를 기대할 때 '바라다'라고 해요. '바래'가 아니라 '바라'가 바른 표현이에요. '바래다'는 '색 바래다' '빛 바래다'로 사용할 수 있어요. '친구를 바래다 줬어'처럼 누군가를 배웅할 때도 써요.

 예문

빛바랜 종이에 꾹꾹 눌러 적은 소원이
이루어지기를 바라요.

확장
어휘

한참 시간이 상당히 지나는 동안
한창 어떤 일이 가장 왕성하게 일어나는 때

11일

국어

곯아떨어지다

아주 피곤하거나 술에 몹시 취하여 정신없이 깊이 자다

'곯다'와 '떨어지다'가 결합된 낱말이에요. '곯다'는 '지치다'를 의미하고, '떨어지다'는 '잠이 들다'를 의미해요. 이 두 단어가 합쳐져서 너무 피곤하거나 지쳐서 깊이 잠드는 것을 뜻하게 되었어요. 곯아떨어질 정도로 피곤할 때는 충분히 잠을 자도록 해요.

 예문

긴 여행 후, 나는 침대에 눕자마자 곯아떨어졌다.

확장
어휘

곤히 자다 깊고 편안하게 자다
선잠을 자다 얕고 자주 깨는 잠을 자다.

19일

가치

공존하다

共	存
함께 공	있을 존

서로 도와서 함께 존재하다

서로 다른 친구들이 모여 우리 반을 이루는 것, 내가 사는 동네에 참새도, 고양이도, 나무도 함께 사는 것이 '공존'이에요. 우리는 사람과 자연 모두와 공존하고 있어요. 가족, 학교, 마을, 지구에 관심을 가져야 하는 이유예요.

 예문

지구촌 평화를 위해 난폭한 전쟁은 이제 그만 멈추고 공존할 방법을 찾아야 해!

비슷한 말

지구촌 지구 전체를 한 마을처럼 여겨 이르는 말
공생하다 서로 도우며 함께 살다

12일

우쭐하다

의기양양하여 뽐내다

어려운 퀴즈를 나 혼자 맞혔을 때, 게임에서 내가 계속 이길 때 어깨를 으쓱
대며 드는 마음이 '우쭐함'이에요. 우쭐한 마음이 들면 기분이 좋아지면서
다른 사람에게 뽐내고 싶은 마음이 들기도 해요. 하지만 지나치게 우쭐하면
잘난 척처럼 보일 수 있으니 조심하세요!

 예문

두둑해진 세뱃돈을 보자 부자가 된 듯한
기분에 우쭐했다.

 비슷한 말

의기양양하다 뜻한 바를 이루어 만족한 마음이 얼굴에 나타난
상태이다

뽐내다 의기가 양양하여 우쭐거리다

으스대다 어울리지 아니하게 우쭐거리며 뽐내다

18일

관용어

발 벗고 나서다

어떤 일에 적극적으로 나서다

신발도 신지 않은 채 맨발로 나설 만큼 다른 사람의 어려움에 앞장서는 사람을 상상해 보세요. 바로 위험을 무릅쓰고 '발 벗고 나선' 고마운 사람이에요. 도움이 필요하거나 문제를 해결해야 할 때 발 벗고 나서는 사람이 되세요. (그렇다고 신발을 벗을 필요는 없답니다!)

 예문

서준이는 우리 반 친구에게 도울 일이 생기면
가장 먼저 발 벗고 나선다.

 확장 어휘

발을 빼다 어떤 일에서 관계를 완전히 끊고 물러나다
팔을 걷어붙이다 어떤 일에 뛰어들어 적극적으로 일할 태세를 갖추다

13일

과학

추리

推	理
밀 추	이치 리

알고 있는 것을 바탕으로 알지 못하는 것을 미루어서 생각함

관찰한 결과와 과거 경험, 이미 알고 있는 것 등을 바탕으로 사물의 보이지 않는 현재 상태를 생각하는 활동을 추리라고 해요. 관찰한 정보가 많을수록 정확하게 추리할 수 있어요.

 예문

여러 군데 땅의 깊이를 측정하고 나의 과학적 지식을 더해 땅의 생김새를 추리했지.

확장
어휘

추측 미루어 생각하여 헤아림
● 추리보다 불확실한 판단을 표현해요.

짐작 사정이나 형편 따위를 어림잡아 헤아림

17일

로컬 푸드

local	food
지역의, 현지의	식량, 음식, 식품

그 지역에서 생산된 농산물과 수산물

미국산 오렌지, 필리핀산 바나나는 매우 먼 곳에서 우리 집 식탁까지 온 농산물이에요. 먼 곳에서 오는 식품은 배나 비행기를 타고 오면서 연료를 많이 써요. 그만큼 환경이 오염되는 거죠. 또 먼 곳에서 온 만큼 신선도가 떨어지기 때문에 상하지 않도록 약품을 사용해요. 내가 사는 지역에서 나는 '로컬 푸드'를 이용하면 이런 걱정을 할 필요가 없답니다.

 예문

로컬 푸드를 이용하는 것은 환경을 지키는 가장 쉬운 방법 중 하나야.

확장 어휘

농산물 농업에 의하여 생산된 물자. 곡식, 채소, 과일, 달걀, 특용 작물, 화훼 따위가 있다

수산물 바다나 강 따위의 물에서 나는 산물. 생선, 김, 미역, 조개 따위가 있다.

14일

허심탄회

虛	心	坦	懷
빌 허	마음 심	평탄할 탄	품을 회

품은 생각을 터놓고 말할 만큼
아무 거리낌이 없고 솔직함

마음을 비워 평탄함을 품으라는 말이에요. '탄'은 평탄하다는 뜻도 있지만 꾸밈없다는 뜻도 있어요. 품고 있는 생각을 솔직하게 말한다는 의미지요. 서로 마음을 터놓고 솔직하게 말하는 것이 좋은 관계를 다지게 해줘요.

 예문

허심탄회하게 이야기 나눌 단짝이 있다는 건
정말 큰 행복이야!

확장
어휘

터놓다 마음에 숨기는 것이 없이 드러내다
드러내다 가려 있거나 보이지 않던 것을 보이게 하다

NOVEMBER

16일

사자
성어

견물생심

見	物	生	心
볼 견	물건 물	날 생	마음 심

어떠한 실물을 보게 되면
그것을 가지고 싶은 욕심이 생김

좋은 물건을 보면 가지고 싶은 마음이 생기기도 해요. 바다는 메워도 사람의 욕심은 못 채운다는 말도 있어요. 하지만 욕심을 부리면 더 소중한 것을 잃을 수 있어요. 오늘은 욕심을 내려놓는 하루 보내세요.

 예문

견물생심이라고 필요한 게 없으면 난 문방구에 가지 않아.

 확장
어휘

욕심내다 분수에 넘치게 무엇을 탐내거나 누리고자 하는 마음을 가지다

탐욕스럽다 사물을 지나치게 탐하는 욕심이 있다

15일

가치

근면하다

勤	勉
부지런할 근	힘쓸 면

부지런하고 성실하다

매일 꾸준히 일기를 쓰는 것, 결석이나 지각 없이 학교를 가는 것, 방학 생활 계획표대로 잘 지켜 나가는 것, 부모님이 직장에 가시는 것 모두 '근면함'이에요. 여러분이 꾸준히 하는 것은 무엇인가요? 만약 없다면 오늘 하나를 정해 볼까요?

 예문

하루도 빠지지 않고 새벽에 출근하시는 아버지께 비법을 여쭈었다.
아버지는 어렸을 적부터 몸에 밴 근면이라고 말씀하셨다.

비슷한 말 **바지런하다**
놀지 아니하고 하는 일에 꾸준하다

반대말 **나태하다**
행동, 성격 따위가 느리고 게으르다

15일

감정

수월하다
까다롭거나 힘들지 않아 하기가 쉽다

부쩍 자란 나를 보며 이젠 육아가 어렵지 않다고 어깨를 으쓱거리는 우리 엄마, 한 문장도 읽기 어렵다던 영어책을 몇 번이고 읽다 보니 술술 읽힌다는 우리 언니, 하다 보니 이제는 어렵지 않고 쉽게 느껴지는 마음이 '수월함'이에요. 한 발 한 발 내디디면 어느새 목표를 이룰 수 있답니다. 처음부터 수월한 건 없으니까요.

 예문

우리 반 대청소 날, 친구들과 함께하니 청소가 생각보다 수월했어요.

비슷한 말	**무난하다** 별로 어려움이 없다
반대말	**거추장스럽다** 일 따위가 성가시고 귀찮다

16일

등고선

等	高	線
같을 등	높을 고	줄 선

지도에서 해발 고도가 같은 지점을 연결한 곡선

바다의 수면을 기준으로 높이가 같은 곳을 이은 구불구불한 선이에요. 지도를 그릴 때 땅의 높낮이를 표시하는 방법이지요. 등고선을 보면 땅의 높고 낮음을 알 수 있어요. 등고선이 좁을수록 경사가 급하고, 넓을수록 경사가 완만해요.

 예문

지도에서 땅의 높낮이를 나타낼 때는 높이에 따라 색깔을 다르게 칠하거나 등고선을 사용합니다.

등고선

① 산봉우리
② 골짜기
③ 산등성이
④ 경사가 급한 곳
경사가 완만한 곳
0m 20 40 60 80 100 120
A ———— B

확장 어휘	**산봉우리** 산에서 뾰족하게 높이 솟은 부분
	산등성이 산의 등줄기

속담

좋은 약은 입에 쓰다

충고는 당장 듣기 싫어도
나에게 도움이 된다

병을 낫게 하는 약이 입에 쓰듯이 나에게 이로운 충고는 귀에 거슬려요. "숙제 다 했니?" "책 좀 읽어" "똑바로 앉아야지" 쉴 새 없는 엄마의 잔소리도 참 쓰지요? 엄마가 사탕처럼 달콤한 말만 하신다면 어떨까요? 물론 좋겠지만 나쁜 행동을 고치기는 어려울지도 몰라요.

오늘의 생각

오늘은 쓴 약 같은 잔소리도 잘 수용해 보세요.

확장
어휘

유익하다
이롭거나 도움이 될 만한 것이 있다

有	益
있을 유	더할 익

FEBRUARY

17일

국어

부치다 · 붙이다

부치다 : 편지나 물건을 상대에게 보내다
붙이다 : 서로 떨어지지 않게 하다

다른 사람에게 택배를 부치거나 비행기를 탈 때 짐을 부치는 것을 떠올려 보세요. 다른 사람에게 무언가를 보낼 때 '부치다'를 써요. 반면에 '붙이다'는 휴대전화에 액정 보호필름을 붙이거나 포스트잇 메모를 붙이는 것처럼 찰싹 달라 붙인다는 의미예요.

 예문

택배 상자에 테이프를 잘 붙인 뒤에 우체국에서 부쳤어요.

 추가 예문

엉덩이를 의자에 붙이다
명절에 부침개를 부치다

13일

가치

정성스럽다

精	誠
깨끗할 정	정성 성

온갖 힘을 다하려는 참되고 성실한 마음이 있다

엄마에게 주려고 손수 만든 카네이션, 아빠가 만들어 주신 김치볶음밥, 농부의 손길로 길러진 사과 하나에 깃들어 있는 것이 '정성'이에요. 한자 '精(정)'에는 벼를 찧고 빻아서 깨끗한 쌀을 만든다는 의미가 들어 있어요. 무언가를 위해 진실한 마음을 오래도록 담는 것이지요.

 예문

포장이 어찌나 정성스럽던지, 리본 하나 풀기조차 미안할 정도였다.

비슷한 말

공들이다 어떤 일을 이루는 데 정성과 노력을 많이 들이다
살뜰하다 일이나 살림을 매우 정성스럽고 규모 있게 하여 빈틈이 없다

18일

손때가 묻다

물건을 오래 써서 길이 들거나 정이 들다

'손때'는 어떤 물건을 오랫동안 매만져서 길이 든 흔적을 말해요. 가끔 새 물건보다 손에 익고 길든 물건이 더 정이 갈 때가 있어요. 어렸을 때부터 항상 안고 자던 오래된 인형에는 내 손때가 묻어 있어요. 나의 흔적이 손때로 새겨진 물건은 더욱 소중하게 느껴지기도 해요.

 예문

내 동생의 보물 1호는 손때 묻은 몽당연필이다.

확장 어휘	
손때를 먹이다	길들여서 쓰다
길들이다	어떤 일에 익숙하게 하다

12일

관용어

배가 아프다
남이 잘되어 심술이 나다

다른 사람이 잘되었을 때 축하하는 마음보다 오히려 샘이 나서 마음이 불편할 때 '배가 아프다'라고 말해요. 얼마나 심술이 나면 배가 아플 지경일까요? '사촌이 땅을 사면 배가 아프다'라는 속담으로도 쓰여요.

 예문

나는 친구가 상을 받는 모습에 배가 아팠다.

확장
어휘

배가 등에 붙다 먹은 것이 없어서 배가 홀쭉하고 몹시 허기지다

배를 두드리다 생활이 풍족하거나 살림살이가 윤택하여 안락하게
지낸다

19일

과학

대기

大	氣
큰 대	기체 기

천체의 표면을 둘러싸고 있는 기체

공기라고도 해요. 주로 질소와 산소로 이루어져 있어요. 이산화탄소, 수증기, 아르곤 등과 고체 알갱이 등도 포함하고 있고요. 지구의 중력, 즉 잡아당기는 힘 때문에 우주로 날아가지 않고 지구를 둘러싸고 있어요.

 예문

대기 환경 기술자는 공기의 오염 상태를
측정하여 환경을 좋게 하는 방법을 연구합니다.

확장
지식

대기는 자외선과 같은 해로운 물질을 막아 생명체를 보호해 줘요.
우주 공간에서 떠도는 천체 조각들이 지구로 떨어질 때 지구 표면
과 충돌하는 것을 막아 주는 보호막 역할도 해요.

11일

사회

벤처 기업

venture	企	業
모험	꾀할 기	일 업

전문 지식과 새로운 기술을 가지고 모험적인 일을 하는 기업

벤처 기업은 위험 부담이 크지만 톡톡 튀는 창의력으로 새로운 것을 개척해 가는 기업이에요. 우수한 능력과 기술로 특별한 분야에 뛰어들어 큰 성공을 거두기도 해요. 전자나 화학, 기계 분야에 많아요. 요즘은 서비스업이나 컴퓨터와 관련된 정보 산업에도 많아요.

 예문

컴퓨터 관련 벤처 기업을 특히 IT(아이티) 벤처 기업이라고 해요.

확장
어휘

중소기업 자본금, 종업원 수, 총자산, 자기 자본 및 매출액 따위의 규모가 대기업에 비해 상대적으로 작은 기업

개척 아무도 손대지 않은 분야의 일을 처음 시작하여 새로운 길을 닦음

모험 위험을 무릅쓰고 어떠한 일을 함

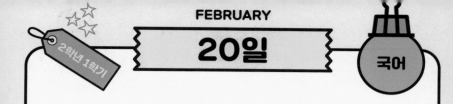

조롱조롱

작은 열매 따위가 많이 매달려 있는 모양

작고 귀여운 것들이 가지런히 매달려 있는 모습을 나타내는 말이에요. 나무에 달린 포도송이들, 크리스마스트리에 달린 다양한 장식을 떠올리면 돼요. 작은 열매나 장식들이 예쁘고 귀엽게 달린 모습을 표현하고 싶다면 '조롱조롱'이라는 낱말을 사용해 보세요.

 예문

고소한 땅콩이 땅속에서 조롱조롱 열매를 맺었어!

확장
어휘

주렁주렁 조금 더 큰 열매나 물건들이 많이 매달려 있는 모양
달랑달랑 가볍고 작은 물건이 바람에 흔들리는 모양

10일

결자해지

結	者	解	之
맺을 결	사람 자	풀 해	어조사 지

자기가 저지른 일은 자기가 해결해야 함

끈을 엇갈려 매면 매듭이 만들어져요. 매듭은 만든 사람이 가장 잘 풀 수 있어요. 어떤 방법으로 묶었는지 가장 잘 아는 사람이니까요. 일도 마찬가지예요. 일을 시작한 사람이 그 일을 가장 잘 해결할 수 있어요. 시작은 했는데 마무리하지 못한 일을 떠올려 보세요. 오늘은 기필코 결자해지하세요!

 예문

이 일은 내가 시작했으니까
내가 결자해지하겠어.

확장
어휘

마무리하다 일을 끝맺다
해결하다 제기된 문제를 해명하거나 얽힌 일을 잘 처리하다

21일

시치미를 떼다

하고도 하지 않은 척, 알고도 모르는 척한다

옛날, 고려시대에는 매사냥이 유행했어요. 자기가 잡은 매를 표시해 두려고 이름표를 달았는데 이 이름표를 '시치미'라고 했어요. 그런데 남의 매에 달린 시치미를 떼어 내고 자기 매인 양 모른 척하는 도둑이 있었대요. 여기서 나온 말이 '시치미를 떼다'예요.

 예문

형이 입안에 사탕이 들어 있는 것 같은데
아닌 척 시치미를 떼고 있어.

확장 어휘

능청스럽다 속으로는 엉큼한 마음을 숨기고 겉으로는 천연스럽게
행동하는 데가 있다

오리발을 내밀다 자기의 잘못을 숨기고 딴전을 부리다

9일

감정

긴가민가하다

그런지 그렇지 않은지 분명하게 알지 못하다

'기연가미연가(其然-未然-)하다'의 줄임말이에요. 기연은 '그렇다'는 뜻이고, 미연은 '그렇지 않다'는 뜻이에요. 즉, '그런지, 그렇지 않은지' 잘 모르겠다는 말이지요. 들어 보니 그런 것 같기도 하고 아닌 것 같기도 할 때는 반쯤은 믿고 반쯤은 의심한다는 뜻의 '반신반의'를 써요.

 예문

단원평가 마지막 문제의 답이 3번인지 아니면 4번인지 긴가민가했어요.

비슷한 말

가물가물하다
기억이 조금 희미해져서 정신이 자꾸 있는 둥 없는 둥 하다

반대말

또렷하다
흐리지 않고 분명하다

22일

감정

미어지다

가슴이 찢어질 듯이
심한 고통이나 슬픔을 느끼다

미어지는 마음은 큰 슬픔으로 인해 고통스러워 견디기 어려운 기분이에요. 마음이 온통 슬픔으로 가득 찬 가슴을 누군가가 꾹꾹 찌르고 쥐어짜듯 아픈 마음이에요. 저절로 눈물이 흐르고 슬픔으로 막힌 듯한 가슴을 쾅쾅 두드리고 싶기도 해요. 가슴이 미어지는 날은 잠시 울어도 괜찮아요. 슬픔도 자연스러운 내 마음이니까요.

 예문

고생하시는 엄마를 생각하면 가슴이 미어져.

비슷한 말

찢어지다 (비유적으로 마음이) 찢기어 갈라지다
문드러지다 (비유적으로) 몹시 속이 상하여 견디기 어렵게 되다

8일

내 코가 석 자

내 사정이 급해서
남의 사정까지 돌볼 수 없다

코는 콧물을, 석 자는 약 90cm가 넘는 길이를 의미해요. 콧물을 석 자나 흘리면서도 닦을 시간이 없을 정도라면 얼마나 여유가 없을까요? 내가 어려운 처지에 놓이면 아무리 가까운 사람이라도 도와줄 여유가 없어요.

오늘의 생각

"지금 내 코가 석 자라 도와줄 수가 없어. 미안해"라고
정중하게 말해 보세요.

확장 어휘	**팍팍하다** 삶의 여유가 없고 힘겹다		
	오비삼척 내 코가 석 자		

吾	鼻	三	尺
나 오	코 비	석 삼	자 척

23일

사자성어

불철주야

不	撤	晝	夜
아닐 불	거둘 철	낮 주	밤 야

어떤 일에 몰두하여 조금도 쉴 사이 없이 밤낮을 가리지 아니함

시간이 흘러가는 것과 관계없이 어떤 일에 최선을 다하는 것을 말해요. 한 가지 일에 열정을 쏟느라 밤잠을 잊어 본 일이 있나요? 그렇다면 그 일에 최고가 될 가능성이 있어요. 단, 밤잠은 충분히 자야 건강하게 성장한다는 사실은 잘 알고 있지요?

 예문

윤찬이는 불철주야로 피아노 연습을 하더니,
결국 세계적인 피아니스트가 되었대.

확장 어휘

매진하다 어떤 일을 전심전력을 다하여 해 나가다
전심전력하다 온 마음과 온 힘을 한곳에 모아 쓰다

7일

가치

협동하다

協	同
합할 협	함께 동

서로 마음과 힘을 하나로 합하다

"영차, 영차!" 다 함께 노를 저으며 앞으로 나아가는 것, 혼자 들기에 무거운 책상을 둘이서 드는 것, 내가 설거지하는 동안 동생은 그릇을 정리해 주는 것이 '협동'이에요. 서로가 서로에게 도움을 주며 힘을 합치면 어려운 일도 거뜬히 해낼 수 있어요.

 예문

자기 몸집보다 훨씬 큰 과자를 함께 나르는 개미 떼를 관찰하고
협동의 위대함을 느꼈다.

 비슷한 말

단합하다 많은 사람이 마음과 힘을 한데 뭉치다
협력하다 힘을 합하여 서로 돕다

24일

구르는 돌은
이끼가 안 낀다

꾸준히 노력하는 사람은 계속 발전한다

축구 선수 손흥민은 매일 몇 시간씩 기본기를 다졌다고 해요. 꾸준히 노력한 끝에 프리미어리그의 득점왕이 되었죠. 손흥민 선수를 이끼가 끼지 않는 구르는 돌에 비유할 수 있겠죠? 운동이면 운동, 공부면 공부, 악기면 악기, 한 분야를 정해 오늘부터 '구르는 돌'이 되어 볼까요?

오늘의 생각

오늘부터 꾸준히 갈고 닦을 분야를 적어 보세요.
"_____에 최고가 될 거야!"

반대말

태만하다
열심히 하려는 마음이 없고 게으르다

怠	慢
게으를 태	게으를 만

6일

관용어

봇물 터지다

일이나 감정이 세차게 쏟아지다

흐르는 냇물을 막고 그 물을 담아 둔 곳을 '보'라고 해요. '봇물'은 보에 가두어 둔 물이고요. 보의 일부를 터트려서 봇물을 내보내면 좁은 틈 사이로 물이 세차게 쏟아져 나와요. 참았던 감정이 세차게 쏟아져 나올 때, 어떤 일들이 쌓여 한꺼번에 터질 때 '봇물 터진다'고 표현해요.

 예문

엄마를 보자 참았던 울음이 봇물 터지듯 쏟아져 나왔다.

확장
어휘

터진 팥 자루 같다
기분이 좋아 입을 다물지 못하다

25일

가치

신중하다

愼	重
삼가할 신	무거울 중

매우 생각이 깊고 조심스러운 태도가 있다

친구 따라 간 문방구에서 새로 들어온 장난감이 보여도 정말 필요한지 한 번 더 생각해 보는 태도예요. 지킬 수 있는 약속만 하는 것도 '신중함'이에요. 행동하기 전에 '일시정지'하고 조심스럽고 깊게 생각해 보세요. '신중함'은 언제나 바른 선택을 도와주니까요.

 예문

동생에게 '다 큰 녀석이 웬 어리광이냐?'라고 핀잔을 주려 했지만 신중하게 생각해 보니 배탈이 아직 덜 나아서 그랬던 거였다.

비슷한 말
진중하다
무게가 있고 점잖다

반대말
경솔하다
말이나 행동이 조심성 없이 가볍다

4학년 2학기

NOVEMBER
5일

사회

희소성

稀	少	性
드물 희	적을 소	성질 성

수가 제한되어 있거나 드물어 부족한 상태

포켓몬 빵을 가지고 싶은 사람은 많지만, 빵의 개수가 제한되어 있을 때 '희소성'이 있다고 해요. 사람들이 원하는 것은 많지만, 그것을 모두 갖기에는 돈이나 자원이 부족한 상태를 말하지요. 물이 다이아몬드보다 삶에서 훨씬 필요하지만, 희소성은 다이아몬드가 훨씬 커요. 다이아몬드의 가격이 비싼 이유이기도 해요.

 예문

한정판으로 100개만 제작된 BTS 굿즈는 희소성이 높습니다.

확장 지식

굿즈(goods) goods는 본래 상품, 제품이라는 뜻이지만, 대중문화에서는 연예인이나 캐릭터와 관련된 상품을 일컫는다

한정판 일정한 수량만큼만 찍어 내는 책이나 음반 같은 물건

볼우물

볼에 팬 우물로, '보조개'를 뜻함

볼우물과 보조개는 모두 웃을 때 볼에 생기는 귀여운 자국을 말해요. 두 낱말은 같은 의미지만 '볼우물'은 순우리말이에요. 얼굴 양쪽의 둥근 '볼'에 움푹 들어간 모양을 '우물'로 표현한 거죠. 순우리말이 주는 따뜻함과 친근함이 그대로 느껴지는 표현이에요.

 예문

내 동생은 웃을 때마다 볼우물이 생겨서 정말 귀엽다.

 확장 어휘

귓불 귀의 아래쪽에 부드럽게 늘어진 부분
등줄기 등뼈를 중심으로 한 등 부분

4일

사자
성어

설상가상

雪	上	加	霜
눈 설	위 상	더할 가	서리 상

난처한 일이나 불행한 일이 잇따라 일어남

'눈 위에 또 서리가 내린다'라는 뜻으로, 힘든 일이 있는데, 계속 힘든 일이 이어질 때 설상가상이라고 해요. 힘든 일이 겹칠 때면 몸과 마음의 평온이 깨지기도 해요. 하지만 눈도, 서리도 따뜻한 햇볕에 곧 녹는다는 걸 잊지 마세요.

 예문

숙제도 덜했는데, 설상가상으로 늦잠까지 자다니!
아, 큰일 났다.

확장
어휘

엎친 데 덮치다
어렵거나 나쁜 일이 겹치어 일어나다

확장
어휘

금상첨화
비단 위에 꽃을 더한다는 뜻으로, 좋은 일 위에 또 좋은 일이 더하여짐

27일

잔뼈가 굵다

일에 능숙하고 경험이 많다

가늘고 작은 뼈들이 굵고 단단해졌다는 뜻이에요. 오랜 기간 일정한 곳에서 일을 하여 그 일에 능숙하고 경험이 풍부해졌다는 의미로 쓰여요. 어리거나 경험이 부족한 사람이라도 어떤 분야에서 오랜 기간 일을 하다 보면 그 분야의 전문가가 될 수 있답니다.

 예문

평생 은행에 근무하신 우리 아빠는
직장에서 잔뼈가 굵은 분이다.

 확장
어휘

능수능란하다
일 따위에 익숙하고 솜씨가 좋다

能	手	能	爛
능할 능	손 수	능할 능	무르익을 란

3일

얼떨떨하다

전혀 예상하지 못한 일로 어리둥절하고 멍하다

교실이 소란스럽다고 혼날 줄 알았는데 분위기가 화기애애하다며 교장 선생님께 칭찬받을 때, 꼴찌 할 것 같은 불길한 예감이었는데 1등에 내 이름이 불렸을 때, 친구가 갑자기 화를 내는데 영문을 몰라 뭐라고 해야 할지 모를 때 '얼떨떨'해요.

 예문

생각지도 못한 상이었는데, 제가 받다니 얼떨떨해요.

비슷한 말

어리둥절하다 무슨 영문인지 잘 몰라서 얼떨떨하다
어정쩡하다 얼떨떨하고 난처하다
당황스럽다 의외의 일을 당하여 어찌할 바를 몰라 어리둥절하다

FEBRUARY

28일

과학

침식

浸	蝕
잠길 침	좀먹을 식

바위나 돌, 흙 등이 빗물이나 냇물, 바람 등에 의해 깎여 나가는 것

흐르는 물이나 바람은 바위나 돌, 흙 등을 깎아 낮은 곳으로 운반해 쌓아 놓아요. 이때 바위나 돌, 흙 등이 깎여 나가는 것을 침식 작용이라고 해요. 주로 물이 빠르게 흐르는 강의 상류나 파도가 강한 바닷가에서 잘 일어나요.

 예문

강 상류는 강폭이 좁고 경사가 급해 침식 작용이 활발하게 일어나요.

확장
어휘

퇴적 운반된 돌이나 흙이 쌓이는 것
풍화 바위나 돌이 햇빛, 공기, 물 등에 의해 점차 파괴되고 부서지는 현상

2일

속담

작은 고추가 더 맵다

겉모양은 작고 하찮아 보여도 야무지다

다른 선수들에 비해 작지만 뛰어난 실력을 자랑하는 축구 선수 리오넬 메시, 왜소한 체구 때문에 '녹두장군'이라는 별명을 가진 전봉준 장군은 작은 고추가 더 맵다는 것을 보여 주는 대표적인 인물이에요. 진짜 고추 중에도 커다란 오이고추보다 작은 청양고추가 훨씬 더 매워요. 작다고 무시하면 안 된답니다.

오늘의 생각

겉모습으로 능력을 판단해서는 안 돼요.
진짜 실력은 겉모습 속에 감춰져 있으니까요.

확장
어휘

충실하다
내용이 알차고 단단하다

充	實
가득할 충	열매 실

3월

콩 심은 데 콩 나고 팥 심은 데 팥 나요.
안 심은 데는 아무것도 안 나요.
무엇이든 심으세요!

1일

가치

부지런하다

꾸물거리거나 미루지 않고
열심히 하며 꾸준하다

아침 일찍 일어나 학교 갈 준비를 하는 것, 교실 청소할 때 빈둥거리거나 게으름 피우지 않는 것, 오늘 할 일을 '내일 하면 되지 뭐'라고 생각하지 않는 것, 할 일을 바로바로 하는 것이 '부지런'이에요. 베짱이가 게으르다면 개미는 부지런하지요.

 예문

비가 오나 눈이 오나 집 앞 청소를 하시는 우리 할아버지,
부지런함을 몸소 보여 주는 분이시다.

반대말

게으르다 행동이 느리고 움직이거나 일하기를 싫어하는 성미나
　　　　　버릇이 있다
꾸물거리다 매우 느리게 자꾸 움직이다

보드레하다

꽤 보드라운 느낌이 있다

촉감이 부드러운 물건이나 느낌을 표현할 때 사용할 수 있는 순우리말이에요. 아기의 피부나 포근한 담요를 떠올려 보세요. 참 보드레하지요? '부드러운 피부, 포근한 담요'보다 '보드레한 피부, 보드레한 담요'가 더 따뜻하고 포근하게 느껴지기도 해요.

 예문

새로 산 스웨터가 보드레해서 자꾸 입고 싶었다.

비슷한 말 **보들보들, 부들부들**
살갗에 닿는 느낌이 매우 부드러운 모양

결자해지, 시작했으면 마무리도 깔끔해야 해요.
끝까지 밀고 나가세요!

2일

감정

불안하다

不	安
아닐 불	편안할 안

마음이 편하지 않다

'시험을 망치면 어쩌지?' '친구들에게 놀림 받으면 어쩌지?' 불안은 나에 대한 믿음이 부족할 때 생기는 감정이에요. 적당한 불안은 더 열심히 하게 하는 원동력이 돼요. 하지만 깊은 불안은 나를 주저하게 만들어요. 나를 믿어보세요. 불안이 잠재워질 거예요.

 예문

새 학년 등교 첫날, 외톨이로 하루를 보낼까 봐 불안했다.
하지만 예상과 다르게 즐거운 하루였다.

 반대말

안정되다
바뀌어 달라지지 않고 일정한 상태가
유지되다

31일

사회

귀촌

歸	村
돌아갈 귀	시골 촌

도시 사람들이 촌락으로 삶의 터전을 옮기는 것

사람들로 붐비는 도시를 벗어나 농촌이나 어촌으로 삶의 터전을 옮기는 귀촌이 유행이에요. 정부에서는 귀촌하는 사람들에게 농사지을 땅을 빌려주기도 하며 귀촌을 도와줘요. 집은 농촌이지만 도시로 출퇴근하거나 주말마다 농촌으로 내려와 전원생활을 하는 경우도 귀촌에 포함돼요.

 예문

정부는 귀촌하려는 사람들이 촌락에 잘 적응하도록 적극적으로 지원합니다.

확장
어휘

귀농 농촌으로 돌아와 농사짓는 것
촌락 농촌, 어촌, 산촌 등 시골의 작은 마을

3일

골탕 먹다
한꺼번에 크게 손해를 입거나 곤란해지다

장난이나 속임수로 인해 곤란한 상황에 처하거나 손해를 보게 되는 것을 말해요. 주로 장난이나 소소한 속임수에 당했을 때 사용하지요. 가끔은 이런 장난이 재미있을 수 있지만, 서로의 기분을 생각하면서 적당히 해야 해요. 너무 심하게 골탕 먹으면 마음도 상할 수 있으니까요.

 예문

드소토 선생님이 지혜롭게
여우를 골탕 먹이는 장면이 가장 통쾌했어!

확장
어휘

애먹다 속이 상할 정도로 어려움을 겪다
핀잔먹다 못마땅하게 여겨져 꾸짖음을 당하다

30일

과학

6학년 1학기

굴절

屈	折
구부러질 굴	꺾을 절

휘어서 꺾임

서로 다른 물질의 경계에서 빛이 꺾여 나아가는 현상이 굴절이에요. 소리나 빛은 어떤 물질을 통과할 때 휘거나 꺾이는 굴절이 생겨요. 컵 속의 빨대가 굽어 보이고, 물속의 다리가 짧아 보이는 것도 모두 직진하던 빛이 수면을 지날 때 굴절하여 우리 눈에 들어오기 때문이에요.

 예문

빛은 공기와 유리가 만나는 경계에서도 굴절합니다.

확장 어휘

직진 곧게 나아감
수면 물의 겉면

정곡을 찌르다

正	鵠
바를 정	과녁 곡

요점을 지적하다

과녁의 한가운데를 '정곡'이라고 해요. 과녁 중에서 가장 맞추기 힘든 부분이자 가장 중요한 부분이기에 요점이나 핵심을 일컫기도 해요. 어떤 일의 중요한 내용을 콕 집어내는 것을 '정곡을 찌르다'라고 말해요.

 예문

선생님께서는 나의 질문이 정곡을 찌르는 질문이라고 칭찬하셨다.

확장 어휘	중점	가장 중요하게 여겨야 할 점
	핵심	사물의 가장 중심이 되는 부분
	골자	말이나 일의 내용에서 중심이 되는 줄기를 이루는 것

29일

따분하다

재미가 없어 지루하고 답답하다

내 취향이 아닌 영화를 볼 때 꾸벅꾸벅 졸리는 것, 국어 시간에 자꾸만 '체육은 언제 하지?'라는 생각이 드는 것, 주말 내내 할 일이 없어 뒹굴뒹굴할 때 드는 마음이 '따분함'이에요.

 예문

친구의 **따분한** 이야기에 나도 모르게 하품을 해 버렸다. (친구야, 미안해!)

비슷한 말	**지루하다** 따분하고 싫증이 난 상태에 있다
반대말	**흥미진진하다** 흥미가 넘쳐흐를 정도로 매우 많다

5일

환골탈태

換	骨	奪	胎
바꿀 환	뼈 골	빼앗을 탈	태아 태

사람이 보다 나은 방향으로 변하여
전혀 딴사람이 됨

'환골'은 뼈를 바꾸다, '탈태'는 태아 시절, 가장 처음의 모습까지 빼앗는다는 뜻이에요. 몸속의 뼈와 맨 처음의 겉모습까지 바꾸면 어떻게 될까요? 이전과는 완전히 다른 사람이 되겠지요? 겉과 속이 모두 이전에 비해 매우 새롭고 아름다워진 것을 표현해요.

 예문

지윤이의 손길을 거치면 어떤 재활용품도
멋진 작품으로 환골탈태해.

확장 어휘	**변화하다** 사물의 성질, 모양, 상태 따위가 바뀌어 달라지다
	변신하다 몸의 모양이나 태도 따위를 바꾸다

28일

속담

물이 깊을수록
소리가 없다

덕이 높고 생각이 깊은 사람은
잘난 체하지 않는다

지혜롭고 생각이 깊은 사람은 겉으로 떠벌리고 잘난 체하거나 뽐내지 않아요. 깊은 물처럼 고요하거든요. 코로나로 온 나라가 힘들 때 뒤에서 묵묵히 봉사하신 분들, 자연재해를 당한 분들을 위해 구호 물품을 보내는 분들 모두 소리 없이 흐르는 깊은 물 같은 분들이에요.

오늘의 생각

**오늘은 아무도 모르게 소리 없이 착한 일을
한 가지 해 보세요.**

확장
어휘

자비롭다
남을 깊이 사랑하고 가엾게 여기는
마음이 있다

慈	悲
사랑할 자	슬플 비

까치밥

까치와 동물들이 먹도록
따지 않고 몇 개 남겨두는 감

겨울철에 까치나 다른 새들이 먹을 수 있도록 남겨 놓은 열매를 까치밥이라고 해요. 우리 조상들이 자연과 함께 살아가는 지혜와 배려를 엿볼 수 있는 아름다운 표현이지요. 추운 겨울, 나무에 남아 있는 열매를 찾아보세요. 따뜻한 배려의 까치밥일 거예요.

 예문

할아버지는 감나무에 까치밥을 몇 개 남겨 두셨다.

확장
어휘

찬밥 지은 지 오래되어 식은 밥으로 중요하지 않은 사람을 빗대는 말

눈칫밥 남의 눈치를 보아 가며 얻어먹는 밥

27일

가치

끈기

쉽게 그만두지 않고
끈질기게 버티어 나가는 기운

흩어진 퍼즐 조각을 하나하나 맞춰 결국 완성하는 것, 어려운 문제라고 포기하지 않고 답을 찾을 때까지 계속 푸는 것, 땀이 뻘뻘 나고 다리가 후들거려도 산꼭대기까지 오르는 것이 '끈기'예요. 평범한 사람도 뛰어난 사람으로 만들어 주는 유일한 마법이 '끈기'예요.

 예문

달리기를 하다가 다리가 꼬여 꽈당 넘어졌다.
다시 끈기 있게 달렸더니 세상에, 1등의 기적을 맛보았다!

 비슷한 말

뚝심 굳세게 버티거나 감당하여 내는 힘
지구력 오랫동안 버티며 견디는 힘

수평

水	平
물 수	평평할 평

기울지 않고 평평한 상태

수평은 그릇에 물을 담았을 때 물의 표면이 어느 한쪽으로 기울지 않고 평평한 상태를 떠올리면 돼요. 만약 몸무게가 다른 두 사람이 시소를 타면 무거운 사람이 가벼운 사람보다 받침점에 더 가까이 앉아야 수평을 잡을 수 있어요. 수평이 맞아야 더 재미있게 시소를 탈 수 있겠지요?

 예문

수평 잡기의 원리는 놀이터에 있는 시소를
탈 때도 확인할 수 있습니다.

확장
어휘

수직 두 직선이 만나 직각을 이루는 상태
평형 사물이 한쪽으로 기울지 않고 안정됨

OCTOBER

26일

속담

눈 가리고 아웅
얕은수로 남을 속이려고 한다

'아웅'은 까꿍 놀이와 비슷한 거예요. 까꿍 놀이를 할 때 아기는 엄마가 사라졌다가 다시 나타난 줄 알고 재미있어해요. 하지만 엄마는 계속 그 자리에 있었죠. 마찬가지로 눈만 잠시 가린다고 상황이 해결되거나 문제가 사라지지 않아요. '눈 가리고 아웅'하기보다 진짜 문제를 해결해야 해요.

오늘의 생각

오늘은 독도의 날이에요. 일본이 얕은수로 모두를
속이려 해도 독도가 우리 땅임은 변함이 없답니다.

확장
어휘

얕은수
속이 훤히 들여다보이는 수

기피하다
꺼리거나 싫어하여 피하다

릇	避
꺼릴 기	피할 피

감정

샘하다

남의 처지나 물건을 탐내거나, 나보다 나은 처지에 있는 사람을 미워하다

내 소시지보다 내 동생 소시지가 더 크게 보여 탐나는 마음, 선생님이 나보다 내 짝을 더 칭찬할 때 드는 미운 마음이 '샘'이에요. '샘'은 다른 사람과 자신을 비교할 때 드는 감정이에요. 미워하는 마음이 커져서 상대방을 깎아내리려 한다면 '질투'로 변해요. 비교를 멈추세요. 나의 행복을 갉아먹는 벌레이자 '샘'의 양분이니까요.

 예문

나혜가 강아지를 키우게 되었다는 사실에 샘이 났어.
(엄마, 나도 강아지 키우고 싶어요!)

비슷한 말
질투하다 다른 사람이 잘되면 공연히 미워하고 깎아내리려 한다
시기하다 남이 잘되는 것을 샘하여 미워하다

4학년 2학기

OCTOBER

25일

사회

가짜 뉴스

뉴스의 형태를 띠고 있지만
사실이 아닌 거짓 뉴스

인터넷이 발달하고 SNS가 급속히 확산되면서 개인들이 사실이 아닌 내용을 진짜 뉴스처럼 퍼뜨리는 일이 많아졌어요. 가짜 뉴스는 나쁜 의도를 가지고 조작되거나 거짓 정보를 사람들에게 퍼뜨려요. 매일같이 수많은 뉴스가 쏟아지다 보니 진짜와 가짜 뉴스를 구분하기 어려워요. 누가 만든 뉴스인지, 그 말이 사실인지 비판적으로 볼 수 있어야 해요.

 예문

대부분의 가짜 뉴스는 자극적인 이야기를 다루기 때문에 사람들이 더 잘 보고 더 오래 기억합니다.

확장
어휘

비판 옳고 그름을 판단하여 밝히거나 잘못된 점을 지적함

검증 참, 거짓을 사실에 비추어 검사하는 일

4학년 1학기

방위표

方	位	表
모 방	자리 위	표 표

동서남북의 방향을 나타내는 표

동서남북 등의 방향을 방위라고 해요. 평평한 곳에서 나침반의 빨간 바늘이 가리키는 곳이 북쪽이에요. 방위는 숫자 4처럼 생긴 4방위표로 주로 나타내요. 지도에 방위표가 없으면 위쪽이 북쪽이라고 약속해요.

 예문

그림지도에 방위표를 넣어
짝꿍에게 다시 보내 주었으니,
이제 우리 집을 잘 찾아오겠지?

⬆ **4방위표**

⬆ **8방위표**

확장
어휘

나침반 동서남북 따위의 지리적 방향을 알려주는 기구
● 지구의 자기력 때문에 자석으로 된 나침반 바늘이 남쪽과 북쪽을 가리켜요.

방위하다 적의 공격이나 침략을 막아서 지키다

24일

속담

사공이 많으면 배가 산으로 간다

각자의 주장만 내세우면 일이 제대로 되기 어렵다

백조와 새우, 메기는 힘을 합쳐 짐 하나를 옮기기로 했어요. 짐에 끈을 묶어 하나씩 나눠 가지고 힘껏 끌어당겼어요. 하지만 짐은 꼼짝도 하지 않는 거예요! 알고 보니 백조는 하늘 쪽으로, 새우는 바다 쪽으로, 메기는 호수 쪽으로 잡아당겼던 거예요.

오늘의 생각

**의견이나 주장이 너무 많아도
일이 제대로 되기 어렵겠죠?**

확장 어휘	**조화롭다** 서로 잘 어울려 모순됨이나 어긋남이 없다		調	和
			어울릴 조	화목할 화

10일

주름잡다
모든 일을 마음대로 움직이다

천의 주름을 다리미로 내 맘대로 잡는 것처럼 거침없이 일하는 모습을 '주름 잡다'라고 표현해요. 시대를 주름잡는 위인부터 어떤 분야를 주름잡는 전문 가, 동네를 주름잡는 친구까지 주름잡는 사람은 다양해요. 하지만 자기 마음 대로 좌지우지하는 사람이기보다 다른 사람의 말에도 귀 기울일 수 있는 사 람이 되세요.

 예문

깜냥이는 동네 길고양이들을 주름잡았다.

확장
어휘

판치다 자기 마음대로 세력을 부리다
활보하다 힘차고 당당하게 행동하거나 제멋대로 마구 행동하다

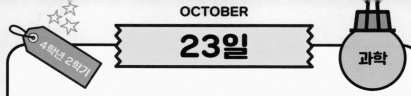

23일

4학년 2학기

과학

공생

共	生
함께 공	살 생

서로 관계를 맺으며 함께 살아감

악어는 이빨 사이에 낀 기생충이나 찌꺼기를 악어새의 먹이로 내어 줘요. 악어 입장에서는 이빨을 시원하게 청소해 주니까 좋겠죠? 악어와 악어새처럼 서로에게 이익인 공생도 있지만 고래 피부에 붙어사는 따개비처럼 한쪽만 이익인 공생도 있어요. 이런 것을 기생이라고 해요.

 예문

나비는 꽃의 꿀을 먹고, 꽃은 나비를 통해 꽃가루를 다른 꽃에 옮겨 번식하는 공생 관계예요.

확장 어휘

기생 어떤 생물이 다른 생물에 붙어서 양분을 얻으며 살아가는 것
[예: 모기가 동물의 피를 빨아먹고 사는 것]

상부상조 서로서로 도움

11일

가치

양심적이다

良	心
좋을 량(양)	마음 심

옳고 그름을 판단해서
바른말과 행동을 하려는 마음이 있다

보는 사람이 없어도 길가에 쓰레기를 버리지 않는 것, 물건을 사고 거스름돈을 더 많이 받았을 때 곧바로 돌려주는 것, 거짓말을 하거나 나쁜 행동을 하면 마음이 불편해지는 건 양심이 있어서예요. 오늘은 내 마음의 착한 목소리, 양심의 속삭임을 잘 들어 보세요.

 예문

쪽지 시험을 치는데 친구의 답지가 보이는 거야.
나는 빨리 눈을 돌렸지. 어때? 꽤 양심적이지?

비슷한 말
도덕적이다
도덕의 규범에 맞는 것이 있다

반대말
비양심적이다
양심에 어긋난 것이 있다

22일

훈훈하다

마음을 부드럽게 녹여 주는 따스함이 있다

시장에서 콩나물을 사는 데 한 줌 더 넣어 주시는 아주머니, 무거운 손수레를 끌고 가는 할머니를 그냥 지나치지 않고 도와주는 언니, 꼬깃꼬깃 모은 용돈을 불우이웃 모금함에 넣는 꼬마를 볼 때 '훈훈함'을 느껴요. 내 마음을 부드럽고 따뜻하게 해 주는 손난로 같은 감정이에요.

 예문

무거운 택배를 배달해 주신 택배기사님께
시원한 물 한 잔을 드리고 나니 왠지 마음이 훈훈했다.

비슷한 말

따사롭다 (마음씨가) 정답고 포근한 느낌이 있다
정겹다 정이 넘칠 정도로 매우 다정하다

늘이다 · 느리다

늘이다 : 원래 길이보다 더 길게 하다
느리다 : 빠르지 않다

고무줄을 양쪽으로 잡아당겨 길어지게 하는 것, 키가 부쩍 자라 유독 짧아진 바지 길이를 길게 만드는 것을 '늘이다'라고 해요. 반면 어린 동생의 걸음마에 맞춰 천천히 걷는 것, 차가 밀려 내가 타고 있는 차가 아주 천천히 가는 것은 '느리다'예요.

 예문

고양이가 느리게 걷더니
갑자기 몸을 쭉쭉 늘이기 시작했어요.

확장
어휘

늘리다
수, 넓이, 재산, 시간, 실력 등이 많아지거나 나아지게 한다
[예문: 실력을 늘리다. 학생 수를 늘리다.]

약방에 감초

어떤 일에나 빠지지 않고 꼭 참석하는 사람

'감초'는 뿌리가 달아서 한약의 쓴맛을 덜어 주는 약초예요. 거의 모든 한약에 들어가서 한약방에는 감초가 반드시 있다고 해요. 어떤 일에 꼭 빠지지 않고 참석해서 분위기를 좋게 이끄는 사람이 있어요. 약방에 감초 같은 사람이지요.

오늘의 생각

오늘은 약방에 감초 같은 달콤하고 꼭 필요한 사람이 되어요.

확장 어휘	**참석하다** 모임이나 회의 따위의 자리에 참여하다	參	席
		참여할 참	자리 석

13일

과학

해풍

海	風
바다 해	바람 풍

바다에서 육지로 불어오는 바람

바다에서 육지로 불어오는 바람이에요. 낮에는 바다에서 육지를 향해 해풍이 불어요. 낮 동안 육지가 바다보다 빨리 데워지기 때문이에요. 육지의 따뜻한 공기가 위로 올라가면서 바다의 찬 공기가 빈자리로 밀려오거든요. 반대로 밤에는 육지에서 바다 쪽으로 육풍이 불어요.

 예문

낮에는 육지가 바다보다 온도가 높으므로
바다에서 육지로 해풍이 붑니다.

확장
지식

계절마다 바람의 방향이 달라요. 겨울에는 북서쪽에서 건조하고
찬바람이 불어오고(북서풍) 여름에는 남동쪽에서 습하고 따뜻한
바람(남동풍)이 불어와요.

20일

감정

근사하다

近	似
가까울 근	같을 사

제법 멋지고 훌륭하게 느껴지는 마음

어려운 문제를 혼자 해결한 나, 열심히 만든 나만의 장난감, 정성껏 차려진 밥상은 참 근사해요. 제법 멋지고 훌륭하다고 느낄 때 우리는 근사하다고 말해요. 근사한 일은 참 많아요. 내가 충분한 만족과 기쁨을 느낀다면 작은 일도 참 근사하게 여겨질 거예요.

 예문

할머니를 기쁘게 해 드리려고 준비한
깜짝 파티가 제법 근사해 보였다.

비슷한 말

멋있다 보기에 썩 좋거나 훌륭하다
그럴싸하다 제법 그렇다고 여길 만하다

14일

일취월장

日	就	月	將
날 일	이룰 취	달 월	나아갈 장

날마다 달마다 발전하다

'일취'는 날마다 발전함, '월장'은 월마다 발전함을 뜻해요. 매일매일 새로운 것을 배워 한 달 뒤에 크게 앞으로 나아간다면 얼마나 발전이 클까요? 내가 일취월장하고 싶은 분야는 무엇인가요?

 예문

처음 수영을 배울 때는 발장구도 어렵더니
일취월장해서 물개라는 별명까지 얻게 되었어.

확장
어휘

발전하다 더 낫고 좋은 상태나 더 높은 단계로 나아가다
전진하다 앞으로 나아가다

19일

관용어

성에 차다

性

성품 성

흡족하게 여기다

'성'은 사람이 지닌 본연의 성품을 뜻해요. '성에 차다'는 것은 자신의 본성에 만족하여 마음에 든다는 뜻이에요. 어떤 일에 충분히 만족했을 때 사용하는 말이에요. 작은 일에도 만족할 줄 알면 성에 찰 일도 가득하답니다!

 예문

네가 아이스크림을 못 먹겠다고 손사래를 치다니,
정말 성에 차게 먹었나 보구나!

 확장
어휘

마음에 차다 마음에 흡족하게 여기다
눈에 차다 흡족하게 마음에 들다

15일

지형

地	形
땅 지	모양 형

땅의 생긴 모양이나 형세

지구 표면은 산맥처럼 높고 험준한 땅, 평야처럼 넓고 평평한 땅, 강이나 시내, 모래로 이루어진 사막 등 다양한 지형으로 이루어져 있어요. 대부분의 큰 도시들은 평야나 해안 지역에 있어요. 나는 어떤 지형에 살고 있나요?

 예문

바닷가에서는 바닷물의 침식과 퇴적 작용으로
가파른 절벽이나 넓은 갯벌과 같은 지형이 만들어져요.

확장
어휘

평야 기복이 매우 작고, 지표면이 평평하고 너른 들
골짜기 산과 산 사이에 움푹 패어 들어간 곳

18일

국어

때 · 떼

때 : 옷이나 몸에 묻은 더러운 먼지
떼 : 행동을 같이하는 무리

오랜만에 목욕탕에 가서 때를 밀면 국수가락 같은 때가 나와요. 이렇게 옷이나 몸에 묻어 있는 먼지를 '때'라고 해요. 반면 '떼'는 '비둘기 떼' '물고기 떼'처럼 같은 종류의 것들이 모여 있는 것을 말해요. 운동장을 보세요. '떼'를 지어 노는 친구들이 보일 거예요.

 예문

옷에 때가 묻은 줄도 모른 채,
친구들과 떼를 지어 놀았어.

확장
어휘

때다 불을 붙여서 타게 하다 (땔감을 때다)
떼다 따로 떨어지게 하다 (스티커를 떼다)

16일

관용어

가슴이 방망이질하다
몹시 두근거리다

심장이 뛰는 것을 방망이질에 비유한 표현이에요. 두근거리는 심장이 마치 방망이질하듯 쿵쾅댈 때가 있어요. 나의 발표 차례가 돌아올 때, 우리 선수가 멋지게 찬 공이 골대로 빨려 들어갈 때, 내 잘못을 들키기 직전에 가슴이 방망이질해요.

 예문

난 그 애를 처음 본 순간 가슴이 방망이질하여
고개를 들 수 없었어.

확장
어휘

가슴이 미어지다 슬픔이나 고통으로 가득 차 견디기 힘들게 되다
가슴을 찢다 슬픔이나 분함 때문에 가슴이 째지는 듯한 고통을
주다

과학

호르몬

hormone

혈액을 따라 돌며
생명 활동을 조절하는 물질

호르몬은 우리 몸을 일정하게 유지하고 성장을 조절해 줘요. 호르몬은 아주 적은 양으로 생명 활동을 조절해요. 부족하면 결핍증이, 너무 많으면 과다증이 나타나요. 우리 친구들은 성장 호르몬 덕분에 키가 쑥쑥 자라고 있어요.

 예문

게임에 중독되는 것은 도파민이라는 호르몬 때문이다.

확장 지식

성장 호르몬은 영양, 운동, 수면의 영향을 받아요. 콩, 두부, 생선과 같은 단백질 식품이 쑥쑥 자라는 데 도움을 줘요. 운동 후와 깊이 잠든 시간에도 성장 호르몬이 더욱 많이 분비돼요.

17일

가치

소신

所	信
바 소	믿을 신

굳게 믿고 있는 바

바르지 않은 일에 모두 Yes를 외칠 때, No라고 말할 수 있는 것, 나쁜 행동을 함께하자는 회유에 내 생각을 끝까지 믿는 것이 '소신'이에요. 남에게 휘둘리지 않고 중요하다고 생각하는 것을 굳게 믿는 '소신' 있는 하루를 보내도록 해요.

 예문

뒷담화하는 친구에게 "그건 나쁜 행동이야"라고 소신 발언을 했어.

비슷한 말

주관 자기만의 견해나 관점
줏대 자기의 처지나 생각을 꿋꿋이 지키고 내세우는 기질

16일

감정

익살스럽다
남을 웃기려고 일부러
우스운 말이나 행동을 하는 데가 있다

원숭이 흉내를 기가 막히게 내던 동생의 얼굴 표정, 엉덩이로 이름 쓰기 할 때 과장되게 굼실거리던 친구의 엉덩이, 노래를 부를 때 재미있게 바꾼 가사, 스티커 사진을 찍을 때 썼던 우스꽝스러운 가발은 모두 익살스러워요. 개그맨의 웃기는 말과 몸짓도 익살스럽지요.

 예문

엄마가 울적해 보여서 나는 일부러 익살스러운
표정을 지어 보였다. (엄마, 활짝 웃어요!)

비슷한 말

우스꽝스럽다 말이나 행동, 모습 따위가 특이하여 우습다
우습다 재미가 있어 웃을 만하다

무시무시하다
아주 많이 무섭다

무시무시한 순간이면 머리카락은 삐죽삐죽, 닭살은 오돌토돌 솟을 수 있어요. 그만큼 매우 무섭고 두려운 느낌이지요. 이 표현은 우리가 느끼는 공포와 불안을 더 생생하게 전달해 줘요. 무시무시했던 경험을 가족과 함께 나눠 보세요. 다른 사람과 이야기하다 보면 두려움이 줄어든답니다.

 예문

바람 소리가 귀신 소리처럼 무시무시하게 들렸어.

비슷한 말

살벌하다 행동이나 분위기가 거칠고 무시무시하다
오싹하다 갑자기 무서워서 소름이 끼치다

15일

사회

복지

福	祉
복 복	복 지

모두가 안전과 행복을 누릴 수 있도록 돕는 것

모든 사람이 건강하고 안락하게 생활할 수 있도록 국가가 돕는 것이 '복지'예요. 우리가 안전하게 학교에 다니는 것, 저렴한 금액으로 병원에서 치료받는 것도 복지예요. 지하철이나 버스에 장애인, 노인, 임산부를 위한 자리가 마련되어 있는 것도 복지지요.

 예문

**국가는 노인들이 행복하고 건강하게 살도록
복지 제도를 마련합니다.**

확장
어휘

웰빙(well-being)
건강한 몸과 마음으로 행복한 삶을 추구하는 것

● 웰빙은 원래 복지, 행복을 뜻해요. 요즘에는 일과 휴식, 자신과 공동체 모두 조화를 이루며 여유와 행복을 얻으려는 삶의 방식을 말해요.

19일

돌다리도
두드려 보고 건너라

쉬운 일이라도 신중해야 한다

튼튼해 보이는 돌다리라도 막상 디뎌 보면 흔들리고 위험할 수 있어요. 아는 문제를 계산 실수로 틀렸던 경험을 떠올려 보세요. 엄청 아쉬웠을 거예요. 한 번만이라도 검산을 해 봤다면 실수가 줄었을 거예요. 검산이 바로 돌다리를 두드려 보는 행동인 거죠.

오늘의 생각

**오늘은 쉬운 문제도 두 번, 세 번 다시
신중하게 읽고 풀어 보세요.**

**확장
어휘**

조심스럽다 잘못이나 실수가 없도록 말이나 행동에 마음을 쓰는
태도가 있다

부주의하다 조심스럽지 않다

不	注	意
아닐 불(부)	물댈 주	뜻 의

14일

가치

우애

友	愛
벗 우	사랑 애

형제간 또는 친구 간의 사랑이나 정분

담임 선생님께 받은 초콜릿을 먹으려니 동생 얼굴이 떠오르는 것, 먹고 싶은 것을 꾹 참고 호주머니에 집어넣는 것, 내가 준 초콜릿에 동생이 함박웃음을 터뜨리는 것, 그런 동생의 모습에 흐뭇해지는 것이 '우애'예요. 우애는 서로를 지켜 주는 애틋한 마음이에요.

 예문

누나가 넘어지는 모습에 쏜살같이 달려가 누나의 손을 잡아 주는 동생에게 깊은 우애를 느꼈다.

비슷한 말

우정 친구 사이의 정
띠앗 형제나 자매 사이에 서로 사랑하고 위하는 마음

20일

사자
성어

일거양득

一	擧	兩	得
한 일	들 거	둘 량(양)	얻을 득

한 가지 일을 하여 두 가지 이익을 얻음

호랑이 두 마리가 서로 싸우다가 한 마리가 죽게 되었을 때 나머지 호랑이를 잡으면 몇 마리의 호랑이를 잡게 된 걸까요? 큰 힘을 들이지 않고 두 마리의 호랑이를 잡을 수 있다는 이야기에서 나온 말이 '일거양득'이에요.

 예문

줄넘기는 키도 크고 살도 빠지는
일거양득 운동이야. 같이 할래?

확장
어휘

일석이조 돌 한 개를 던져 새 두 마리를 잡는다는 뜻으로, 동시에
두 가지 이득을 봄

이익 물질적으로나 정신적으로 보탬이 되는 것

13일

관용어

수를 읽다

手

손 수

어떻게 나올지 미리 예상하다

'수'는 바둑이나 장기를 둘 때 한 번씩 번갈아 두는 횟수를 말해요. 바둑이나 장기에서 상대방이 다음에 어떻게 둘지 예상한다는 의미가 확대되어 상대의 마음을 미리 알고 있다는 뜻으로 쓰여요.

 예문

고분고분한 내 말투에 엄마는 이미 내 수를 읽고 계셨다.

확장
어휘

수가 좋다 수단이 매우 뛰어나다

수가 달리다 말이나 행동에서 상대편에게 약점을 잡히거나 상대편보다 못하다

사회

3학년 1학기

SNS
Social Networking Service
소셜 네트워킹 서비스

온라인에서 다른 사람과
관계를 맺을 수 있는 서비스

온라인을 통해 사람과 사람을 연결하고 정보 공유, 인맥 관리, 자기 표현 활동을 하며 다른 사람과의 관계를 관리하는 서비스예요. SNS는 멀리 떨어져 있거나 직접 만나지 못하더라도 서로의 소식, 정보 등을 주고받을 수 있도록 해 줘요. 하지만 개인정보 유출 같은 문제점도 있으니 조심해야 해요.

 예문

친구들과 카카오톡으로 대화를 나누는 것도
SNS를 사용하는 하나의 사례다.

확장
어휘

알고리즘(algorithm) 어떤 문제를 해결하기 위한 절차, 방법, 명령어들의 집합

● 유튜브는 내가 좋아할 만한 영상을 추천해 줘요. 바로 알고리즘이에요. 컴퓨터가 우리를 분석하여 맞춤 콘텐츠를 제공하는 것도 절차나 방법, 즉 알고리즘을 통해 이루어지지요.

12일

사자성어

학수고대

鶴	首	苦	待
학 학	머리 수	괴로울 고	기다릴 대

학의 목처럼 목을 길게 빼고 간절히 기다림

'학수'는 학처럼 목을 길게 빼고 본다는 뜻이고, '고대'는 괴롭게 기다린다는 뜻이에요. 무언가 간절하게 기다릴 때 쓰는 말이 학수고대예요. 요즘 내가 학수고대하는 일은 무엇인가요? 오늘 하루가 어제보다 특별하기를 학수고대하는 것도 좋을 거예요.

 예문

나는 눈썰매 타는 걸 정말 좋아해.
그래서 겨울 방학을 학수고대하고 있어.

확장
어휘

목이 빠지게 기다리다 몹시 안타깝게 기다리다
간절하다 정성이나 마음 씀씀이가 더없이 정성스럽고 지극하다

22일

관용어

간담이 서늘하다

肝	膽
간 간	쓸개 담

몹시 놀라서 섬뜩하다

'간담'은 간과 쓸개를 말해요. 속마음을 표현할 때 쓰기도 하고요. 두려움에 휩싸이거나 긴장하게 되면 우리 몸의 신경이 곤두서게 돼요. 머리털이 바짝 서는 느낌이지요. 그럴 때 간담이 얼어붙듯 서늘해짐을 느껴요. 한밤중에 불 꺼진 방에서 귀신 이야기를 듣게 된다면 간담이 서늘해질 거예요.

 예문

**놀이기구가 낭떠러지로 떨어지기 직전,
나는 간담이 서늘했다.**

**확장
어휘**

간이 콩알만 해지다 (사람이) 몹시 두려워지거나 무서워지다
간이 크다 겁이 없고 매우 대담하다

11일

감정

창피하다

체면이 깎이거나
떳떳하지 못한 일로 부끄럽다

급하게 뛰다가 '꽈당' 넘어졌는데 아픔보다 부끄러움이 밀려올 때, 동생이
보는 앞에서 주사 맞기가 무섭다고 눈물이 나올 때, 수업 시간에 꾸벅꾸벅
졸다가 선생님께 들켰을 때, 자신 있다고 큰소리를 뻥뻥 쳤는데 막상 받아쓰
기 시험에서 빵점을 받았을 때 창피해요.

 예문

가벼운 마음으로 등교했는데 책가방을 안 메고 왔네. 아이 창피해!
(어쩐지 몸이 가볍더라.)

비슷한 말	**부끄럽다** 양심에 거리낌이 있어 떳떳하지 못하다 **수치스럽다** 부끄럽고 창피한 느낌이 있다

반대말	**당당하다** 남 앞에 내세울 만큼 모습이나 태도가 떳떳하다 **떳떳하다** 굽힐 것이 없이 당당하다

4학년 2학기

23일

과학

순환

循	環
돌 순	돌 환

주기적으로 자꾸 되풀이하여 도는 과정

지구는 '물의 행성'이라는 별명을 지녔어요. 지구에서 끊임없이 순환하는 물은 새로 생기거나 없어지지 않고 고체, 액체, 기체로 상태만 변해요. 그래서 지구 전체에 있는 물의 양은 항상 일정하답니다. 지구처럼 우리 몸도 순환해요. 혈액이 이동하면서 몸 곳곳에 영양소를 공급하고 노폐물을 거두는 것도 순환이에요.

 예문

물은 기체, 액체, 고체로 상태를 바꾸며
육지와 바다, 공기, 생명체 사이를 끊임없이
돌고 도는데 이 과정을 물의 순환이라고 합니다.

확장
지식

오늘은 세계 물의 날이에요. 환경 오염으로 인해 먹는 물이 점점 부족해지고 있는 것이 지구의 현실이에요. 우리나라는 UN이 지정한 '물 부족 국가'라는 사실을 잊지 마세요.

10일

속담

구더기 무서워
장 못 담글까

해야 할 일이라면
핑계를 찾기보다 마땅히 해야 한다

날씨가 습하거나 벌레가 들어가 장독에 구더기가 생기는 경우가 있어요. 하지만 생길지, 안 생길지도 모르는 구더기가 무서워서 장을 담그지 않는다면 장을 넣은 맛난 우리나라 음식을 먹기는 어려울 거예요.

오늘의 생각

나에게 방해되는 일이 있더라도 도전하세요.
구더기 따위 무서워하지 말자고요!

확장
어휘

진취적이다
적극적으로 나아가 일을 이룩한다

進	取
나아갈 진	가질 취

휘둥그레지다

놀라거나 두려워서 눈이 크고 둥그렇게 되다

큰 소리가 나서 깜짝 놀랐을 때, 무서운 이야기를 들었을 때, 우리의 눈이 휘둥그레질 수 있어요. 이러한 순간들은 우리에게 놀라움과 긴장감을 주지만, 동시에 우리가 새로운 경험을 하는 순간이기도 해요. 그런 순간들도 하나의 재미있는 경험으로 받아들이면 어떨까요?

 예문

친구들은 "으앙!" 하고 울음을 터뜨린 또야를 보고
눈이 휘둥그레졌어요.

비슷한 말

눈이 번쩍 뜨이다 깜짝 놀라거나 갑자기 깨달음을 얻어 눈이 크게
떠지다

눈이 뒤집히다 어떤 일에 집착하여 이성을 잃을 지경이다

9일

사자
성어

측은지심

惻	隱	之	心
슬퍼할 측	가엾어할 은	어조사 지	마음 심

불쌍히 여기는 마음

'얼마나 아플까?' '얼마나 괴로울까?' '얼마나 힘들까?'라는 마음이에요. 다른 사람의 아픔을 이해하고 공감하는 마음은 참 예쁜 마음이에요. 측은지심은 화도 가라앉혀 주고, 누군가를 용서하게도 해 주는 자비로운 마음이에요.

 예문

세종대왕은 백성을 위하는 측은지심으로 한글을 창제하셨어.

확장
어휘

가엾다 마음이 아플 만큼 안되고 처연하다

딱하다 사정이나 처지가 애처롭고 가엾다

MARCH

25일

가치

정직하다

正	直
바를 정	곧을 직

거짓이 없고 곧고 바른 마음이 있다

숙제를 못 했을 때 집에 놔두고 왔다는 핑계를 대지 않는 것, 나의 실수를 부인하지 않고 솔직하게 인정하는 것이 '정직'이에요. 나에게 불리할 때에도 진실을 말할 수 있는 용기가 필요해요. 정직은 언제나 거짓을 이긴답니다.

 예문

나의 할아버지는 법 없이도 사실 만큼 정직한 분이셨다.

비슷한 말
진실하다
마음에 거짓이 없이 순수하고 바르다

반대말
거짓되다
사실과 어긋남이 있어 참되지 않다

OCTOBER

8일

관용어

직성이 풀리다

直	星
곧을 직	별 성

일이 잘 풀려 마음이 흡족하다

직성은 사람의 나이에 따라 그의 운명을 맡아 보는 아홉 개의 별을 말해요.
옛사람들은 직성의 변화로 운이 좋고 나쁨이 결정된다고 믿었어요. '직성이
풀리다'는 운수가 잘 풀려 마음이 흡족한 상태를 말하는 거죠.

 예문

준서는 책상 위에 있는 먼지 하나까지 닦아야
직성이 풀리는 아이였다.

 확장
어휘

맥이 풀리다 기운이나 긴장이 풀어지다

마음이 풀리다 마음속에 맺히거나 틀어졌던 것이 없어지다

고삐가 풀리다 얽매이지 않거나 통제를 받지 않다

기후

氣	候
기운 기	계절 후

오랜 기간 한 지역에서 나타나는 평균적인 날씨

한 지역에 여러 해에 걸쳐 나타나는 기온, 비, 눈, 바람 따위의 대기 상태를 기후라고 해요. 얼음으로 뒤덮인 남극은 한대 기후, 일 년 내내 더운 적도 부근은 열대 기후예요. 우리나라는 사계절이 있는 온대 기후예요. 하지만 기후 위기로 인해 점점 열대 기후로 변하고 있는 게 현실이에요.

 예문

우리나라에는 사계절이 나타나며 계절에 따라
기후가 다릅니다.

 확장
어휘

기후 위기 지구의 기온이 점점 상승하면서 기후가 급격하게 변화
하는 현상

온실가스 석유, 석탄 등 화석 연료의 사용으로 발생하는 이산화탄
소, 메탄과 같은 가스

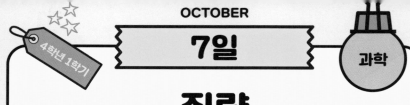

OCTOBER
7일

4학년 1학기

과학

질량

質	量
바탕 질	헤아릴 량

어떤 물체에 포함되어 있는 물질의 양

몸무게가 60kg인 사람이 달에서는 10kg으로 몸무게가 준다는 것을 알고 있나요? 무게는 장소에 따라 달라져요. 하지만 질량은 그대로예요. 지구에 서는 무게와 질량이 거의 차이 나지 않아 구별하지 않고 쓰기도 해요. 가벼 워지고 싶은 마음에 달에 간다 하더라도 질량은 그대로라는 사실을 잊지 마 세요.

 예문

질량은 장소와 상태가 바뀌어도 변하지 않는다.

확장 지식

지구에서 잴 때와 달에서 잴 때 질량은 변하지 않지만 무게가 달 라지는 이유는 무엇일까요? 질량은 중력과 관련 없는 물질 고유의 변하지 않는 양이에요. 반면 무게는 지구가 잡아당기는 힘의 크기 로 변할 수 있는 양이에요. 지구가 잡아당기는 힘은 달보다 6배 더 세기 때문에 무게도 6배 더 많이 나가요.

27일

감투를 쓰다
중요한 직책을 맡다

감투는 옛날, 벼슬하던 사람이 쓰던 모자예요. 감투를 쓴다는 것은 관직에 오른다는 뜻으로 지금은 높은 지위에 오르거나 중요한 직책을 맡게 되었을 때 사용하는 표현이에요. 감투를 쓰면 그에 걸맞은 책임이 따라요.

 예문

예림이는 전교 회장이라는 감투를 썼음에도
겸손함을 잃지 않았다.

 반대말

감투를 벗다
중요한 직책을 그만두다

6일

사자
성어

형설지공

螢	雪	之	功
반딧불 형	눈 설	어조사 지	공 공

고생을 하면서
부지런하고 꾸준하게 공부하는 자세

반딧불을 모아 그 불빛으로 글을 읽고, 겨울눈에 비친 빛으로 글을 읽었다는 고사에서 유래한 말이에요. 어려운 상황에서도 꾸준하게 공부하는 태도를 뜻하지요. 요즘은 밝은 전깃불 아래에서 참으로 풍족하고 편안하게 공부한다는 것에 감사한 마음을 가져 보아요.

 예문

여민이는 어려운 가정 형편에 형설지공하더니,
결국 성공할 줄 알았어.

확장
어휘

피땀 흘리다 온갖 힘과 정성을 쏟아 노력하다
고생하다 어렵고 고된 일을 겪다

28일

사자
성어

군계일학

群	鷄	一	鶴
무리 군	닭 계	하나 일	학 학

많은 사람 가운데서 뛰어난 인물

지혜롭고 재주 많은 혜소라는 사람이 있었어요. 사람들은 "의젓하고 당당한 것이 마치 닭 무리 속에 고고히 서 있는 한 마리 학 같다"라며 그를 칭찬했어요. 닭 무리 속에 한 마리 학, 즉 많은 사람 중에 유난히 돋보이며 뛰어난 사람을 가리키는 말이에요.

 예문

할리갈리로는 내가 우리 반에서 군계일학이지.
나의 스피드는 독보적이니까!

확장
어휘

독보적 남이 감히 따를 수 없을 정도로 뛰어난 것
빼어나다 여럿 가운데서 두드러지게 뛰어나다

5일

감정

안쓰럽다

손아랫사람이나 약자의 딱한 형편이
마음이 아프고 가엾다

다리를 다쳐서 절뚝거리며 다니는 고양이를 봤을 때의 마음, 텔레비전에서
제대로 먹지 못해 비쩍 마른 다른 나라 친구들을 봤을 때의 마음, 엄마를 잃
어버려 구슬프게 우는 아기 고라니를 봤을 때의 마음이 '안쓰러움'이에요.
안쓰러운 마음은 다른 이를 가엾고 불쌍히 여기는 예쁜 마음이에요.

 예문

비에 홀딱 젖은 우리 집 강아지 은별이를 보니 안쓰러웠다.
(은별아, 언니가 닦아 줄게!)

 안타깝다 뜻대로 되지 않거나 보기 딱하여 가슴 아프고 답답하다
눈물겹다 눈물이 날 만큼 슬프거나 가엾다

29일

과학

행성

行	星
다닐 행	별 성

중심 별의 강한 인력의 영향으로 타원 궤도를 그리며 중심 별의 주위를 도는 천체

태양계에는 여덟 개의 행성이 있어요. 수성, 금성, 지구, 화성, 목성, 토성, 천왕성, 해왕성이 태양의 주위를 돌고 있어요. 요일을 나타내는 '월화수목금토일'은 태양과 달, 지구와 가까운 천체들의 이름을 딴 것이랍니다. 월요일은 달, 일요일은 태양을 나타내요.

 예문

행성은 모두 둥근 모양을 하고 있지만, 색깔과 표면 상태에 차이가 있으며 고리나 위성을 가진 행성도 있습니다.

확장 어휘

인력 공간적으로 떨어져 있는 물체끼리 서로 끌어당기는 힘
천체 우주에 존재하는 모든 물체

4일

관용어

몸이 달다

● 달다: 안타깝거나 조마조마하여 마음이 몹시 조급해지다

마음이 조급하다

'달다'는 마음이 몹시 조급해진다는 뜻이에요. 몹시 하고 싶거나 기다려지면 발이 동동 굴려지기도 하고 왔다 갔다 안절부절하기도 해요. 그러면 덩달아 마음도 점점 조급해져요. 몸과 마음은 연결되어 있기 때문이에요.

 예문

운동회가 시작하기도 전에 아이들은 **몸이 달았는지** 벌써 운동장에 나와 있었다.

 확장 어휘

애 초조한 마음속
애가 달다 초조한 마음에 마음이 조급해지다

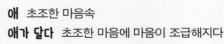

30일

감정

괘씸하다

믿었던 사람이 믿음과 의리를 저버려
화나고 미운 마음

아끼던 장난감을 동생이 망가뜨리거나 친하게 지내던 친구가 딴 친구랑만
놀면 괘씸한 마음이 들어요. 믿었던 사람이라 더 화나고 미운 마음이 들 거
예요. 속상한 마음에 동생과 친구가 괘씸하기도 하지만 너무 오랫동안 괘씸
함이 머물지 않도록 너그럽게 용서해 주세요.

 예문

함께 가지고 놀던 보드게임 정리를 바쁘다며 나에게 맡긴 오빠가 정말
괘씸하다.

비슷한 말

가증스럽다 몹시 괘씸하고 얄밉다
얄밉다 말이나 행동이 약빠르고 밉다

반대말

가상하다 착하고 기특하다

5학년 2학기

건국

建	國
세울 건	나라 국

나라를 세움

단군왕검은 고조선을 건국했어요. 왕건은 고려를 건국했고, 이성계는 조선을 건국했어요. 우리 민족 최초의 국가인 고조선 건국을 기념하기 위해 10월 3일을 국경일로 지정하고 있어요. 바로 '하늘이 열린 날'이라는 의미의 개천절이에요.

 예문

고려 말의 혼란스러움을 바로잡고자 이성계와 신진 사대부는 '조선'이라는 새로운 나라를 건국했다.

확장 어휘

신진 사대부
고려 말, 새롭게 등장한 정치 세력

확장 지식

단군왕검이 건국한 우리나라 최초의 국가는 본래 '조선'이에요. 하지만 이성계가 건국한 조선과 구별하기 위해 옛날을 뜻하는 고(古)를 붙여 '고조선'이라고 칭해요.

고사리 같은 손
어린아이의 여리고 포동포동한 손

어린 고사리는 작고 동그랗게 오므려져 있어요. 게다가 보들보들 여리기까지 해요. 마치 아기 손처럼 말이죠. 그래서 작고 여리며 포동포동 귀여운 손을 고사리에 빗대어 표현해요.

 예문

엄마는 내가 고사리 같은 손으로 빚은 만두가 최고라고 말씀하셨다.

확장 어휘	
손이 크다	씀씀이가 후하고 크다
손이 맵다	손으로 슬쩍 때려도 몹시 아프다
손을 내밀다	도움, 간섭 따위의 행위가 어떤 곳에 미치게 하다

2일

공손하다

恭	遜
공손할 공	겸손할 손

예의가 바르고 겸손하다

학교 가는 길에 어른을 만나면 "안녕하세요?"라며 고개를 숙여 인사하는 것, 선생님께 두 손으로 공책을 전해 드리는 것, 어른에게 존댓말을 사용하는 것이 '공손함'이에요. 공손함은 다른 사람을 존중하고 배려하는 마음에서 출발해요. 그리고 친절하고 예의 바른 행동으로 표현되지요.

 예문

"엄마, 밥 줘"라고 소리치는 동생에게 공손하지 않은 말버릇이라고 따끔하게 일러줬다. (나는 의젓한 형이니까!)

비슷한 말

고분고분하다
말이나 행동이 공손하고 부드럽다

반대말

불손하다
말이나 행동 따위가 버릇없거나 겸손하지 못하다

날마다 발전하고 있어요.
일취월장이 이런 거예요!

1일

산도 허물고 바다도 메울 기세

그 어떤 어려운 일도 해내려는 왕성한 기세

단단한 산을 허물고 넓고 깊은 바다를 메우려면 얼마나 큰 열정이 있어야 할까요? 어떤 일을 시작할 때 산도 허물고 바다도 메울 만한 열정이 있다면 무슨 일이든지 잘할 수 있을 거예요. 단, 엄청난 열정보다 식지 않는 열정이 더 중요하다는 걸 잊지 마세요.

오늘의 생각

오늘은 산도 허물고 바다도 메울 기세로
우리나라를 지킨 군인들에게 감사한 마음을 가져 보세요.

확장
어휘

적극적
대상에 대한 태도가
긍정적이고 능동적인 것

積	極	的
쌓을 적	지극할 극	과녁 적

1일

짊어지다

짐을 등이나 어깨에 얹어 메다

무거운 짐을 짊어지기도 하지만 책임이나 의무를 짊어지기도 해요. 친구가 어려움에 처했을 때 함께 그 어려움을 짊어지며 도와주는 것은 정말 멋진 일이에요. 우리는 모두 서로를 도와가며 살아야 하거든요. 오늘은 친구나 가족의 짐을 함께 짊어지는 따뜻한 하루를 보내보는 건 어때요?

 예문

"호랑이 너 주려고 남은 떡 짊어지고 왔어. 어서 먹어."

확장
어휘

떠안다 일이나 책임을 온통 맡다

감당하다 어떤 일이나 책임을 맡아 처리하다

어휘 천재가 되는 날을 학수고대해요.
머지않았거든요!

2일

관용어

배꼽을 잡다

매우 우습다

너무 우스워 배를 안고 있는 모습이 배꼽을 잡고 있는 것처럼 보이기도 해요. 어쩌면 너무 웃다가 배꼽이 빠질까 봐 배꼽을 잡아야 하는 걸지도 몰라요. 오늘은 분명 배꼽을 잡는 날이 될 거예요. 왜냐하면 만우절이니까요!

 예문

내 동생의 우스꽝스러운 재롱에 배꼽을 잡았다.

확장
어휘

포복절도
배를 안고 넘어질 정도로 크게 웃다

抱	腹	絶	倒
안을 포	배 복	끊을 절	넘어질 도

30일

과학

4학년 1학기

중력

重	力
무거울 중	힘 력

지구가 물체를 끌어당기는 힘

뉴턴은 두 물체 사이에는 서로 끌어당기는 힘이 있다는 '만유인력의 법칙'을 발견했어요. 중력은 지구와 물체가 서로 끌어당기는 힘이고요. 우리는 중력 덕분에 자전하는 지구에서 떨어지지 않고 살 수 있어요.

 예문

사과가 땅에 떨어지는 것은 지구가 사과를 끌어당기는 중력 때문이다.

확장 어휘

무중력 마치 중력이 없는 것처럼 느끼는 현상

자전 지구와 같은 천체가 스스로 고정된 축을 중심으로 회전하는 것

3일

감정

낙담하다

落	膽
떨어질 락(낙)	쓸개 담

바라던 일이 뜻대로 되지 않아 마음이 몹시 상하다

중요한 뭔가를 잃어버렸을 때 '낙담'하게 돼요. 낙담하면 우리의 몸과 마음에서 힘이 쭉 빠져나가요. 게다가 다시 도전할 마음을 빼앗아 가 버려요. 낙담한 마음이 찾아오면 빨리 훌훌 털어 버리세요.

 예문

비가 오는 바람에 현장 체험학습이 취소되었지만,
교실에서 과자 파티를 하며 낙담한 마음을
위로했어요.

비슷한 말

좌절하다 마음이나 기운이 꺾이다
실의 뜻이나 의욕을 잃음

29일

사자성어

각양각색

各	樣	各	色
각각 각	모양 양	각각 각	색 색

각기 다른 여러 가지 모양과 빛깔

'각양'은 여러 모양, '각색'은 여러 빛깔을 뜻해요. 똑같이 생긴 쌍둥이라도 자세히 보면 생김새도, 성격도 달라요. 물건도, 사람도 참 다양하지요. 각양각색의 사람을 인정하고 존중하는 하루 되세요.

 예문

아이들은 각양각색의 찰흙 작품을 빚어냈다.

 확장 어휘

다양하다 모양, 빛깔, 형태, 양식 따위가 여러 가지로 많다

다채롭다 여러 가지 색채나 형태, 종류 따위가 한데 어울리어 호화스럽다

4일

사자
성어

갑론을박

甲	論	乙	駁
아무개 갑	의논할 론	아무개 을	논박할 박

여러 사람이 서로 자신의 주장을 내세우며
상대편의 주장을 반박함

갑이 주장하고 을이 반박하는 모습을 상상해 보세요. 여러 사람이 이러쿵저러쿵 서로 자신의 주장을 내세우고 다른 사람의 말에 반박하면 해결책이 잘 나오지 않아요. 내 주장만 하기보다 다른 사람의 입장도 되어 보면 조화로운 해결책이 떠오를 거예요.

 예문

**모둠 이름이 중요한 건 아니니까
갑론을박은 그만하는 게 어떨까?**

확장
어휘

주장하다 자기의 의견이나 주의를 굳게 내세우다
반박하다 어떤 의견, 주장, 논설 따위에 반대하여 말하다

28일

말짱 도루묵

아무런 소득이 없는 헛수고

임진왜란 당시 피란 중에 선조 임금이 처음으로 '묵'이라는 생선을 먹는데 너무 맛있는 거예요! 선조는 '묵'을 '은어'로 고치라고 했어요. 전쟁이 끝나고 궁궐로 돌아와 다시 먹어 보니 그 맛이 아니었어요. 전쟁 중 잔뜩 배고플 때 먹었던 맛과 달랐겠죠. 선조는 "도로, 묵이라고 하여라"라고 명했대요.

 예문

도미노가 완성되기 직전에 실수로 넘어뜨려
말짱 도루묵이 되어 버렸어.
(다시 쌓으면 되지 뭐!)

확장
어휘

헛수고 아무 보람도 없이 애를 씀
피란 난리를 피하여 옮겨 감

避	亂
피할 피	어지러울 란

과학

꼬투리

콩과 식물의 씨앗을 싸고 있는 껍질

식물의 꽃이 지고 나면 그 자리에 열매가 생기는데, 이 열매가 꼬투리예요. 꼬투리 속에는 씨가 들어 있어요. 시간이 지날수록 꼬투리와 함께 씨도 자라요. 꼬투리를 열어 보면 처음 심은 것과 같은 모양의 씨가 여러 개 들어 있어요. 이렇게 새로운 씨를 만들면서 식물은 대를 이어서 살아요.

 예문

꽃이 진 자리에 꼬투리가 열렸네.
꼬투리 속 강낭콩 여러 개. 강낭콩 한알이 콩콩콩.

다른 뜻

꼬투리 남을 해코지하거나 헐뜯을 만한 거리
[예문: 사사건건 꼬투리를 잡다]

꼬투리 어떤 이야기나 사건의 실마리
[예문: 사건의 꼬투리를 잡다]

27일

감정

주춤거리다

결정을 내리지 못해 머뭇거리는 마음

낯선 곳에 첫발을 내디딜 때 설렘보다 긴장이 되면서 주춤거려져요. 하고 싶은 마음은 있지만 잘할 수 없을 것 같을 때도 주춤거려요. 메뉴를 골라야 할 때도 무엇을 먹을지 결정하지 못해 주춤거려요. 너무 주춤거리면 좋은 기회를 놓치기도 해요. 내 결정을 믿으세요.

 예문

예나가 놀자 하고, 지수도 놀자 하니 누구랑 놀아야 할지 주춤거려져. 다 같이 놀자고 해야겠다!

비슷한 말

멈칫거리다 어떤 일을 자꾸 망설이다
망설이다 이리저리 생각만 하고 태도를 결정하지 못하다

6일

가치

한결같다

말과 행동이 변함 없이 같다

매일 따뜻한 미소로 우리를 맞이해 주시는 선생님, 내 곁을 언제나 지켜 주시는 부모님, 모두 한결같아요. 사람이 사람에게 보여 주는 최고의 감동, 한결같음을 실천하는 하루를 만들어 보세요. 단, 고칠 점이 한결같으면 곤란해요!

 예문

봄이면 우리 집 앞 벚나무는 한결같이 봄꽃을 피운다.

비슷한 말

꾸준하다
한결같이 부지런하고 끈기가 있다

반대말

변덕스럽다
이랬다저랬다 하는, 변하기 쉬운 태도나 성질이 있다

26일

백지장도 맞들면 낫다
쉬운 일이라도 협력하면 훨씬 쉽다

백지장은 하얀 종이 한 장을 말해요. 백지장의 양쪽 끝을 마주 드는 것을 상상해 보세요. 혼자서도 거뜬히 들 수 있지만 한 명이 더 거들면 더욱 쉬워져요. 살다 보면 종이 한 장보다 무겁고 힘든 일이 많아요. 이런 일을 다른 사람과 나누면 아무리 힘든 일이라도 쉽게 해결할 수 있어요.

오늘의 생각

오늘은 나의 도움이 필요한 곳이 있는지
주변을 둘러보세요.

확장 어휘	**합심하다** 여러 사람이 마음을 한데 합하다	合 합할 합	心 마음 심

볼가심

물 따위를 머금어 볼의 안을 깨끗이 씻음
아주 적은 음식으로 시장기를 면함

'볼가심'은 식사를 마치고 나서 입안을 개운하게 하려고 물이나 음료를 머금거나, 배가 고플 때 아주 적은 음식으로 시장기를 잠시 달래는 것을 뜻하는 순우리말이에요. 볼가심은 우리가 식사를 기분 좋게 마무리할 수 있는 작은 즐거움이에요. 오늘 식사 후에 간단히 볼가심을 해 볼까요?

 예문

승유는 이를 닦고 난 뒤에 볼가심했다.

확장
어휘

입가심 무엇을 먹거나 마셔서 입안을 개운하게 함
시장기 배가 고픈 느낌

25일

마른침을 삼키다

몹시 긴장하다

사람은 긴장하게 되면 침이 바짝 말라요. 그런데도 자꾸만 침을 삼키게 되고요. 이 두 행동이 동시에 일어날 정도로 몹시 긴장될 때 마른침을 삼킨다는 표현을 해요. 마른침을 삼킬 만큼 긴장된 순간이 있었나요?

 예문

나는 마른침을 삼키며 내 공연 순서를 기다리고 있었다.

확장
어휘

침을 삼키다 음식 따위를 몹시 먹고 싶어 하다
침 발린 말 겉으로만 꾸며서 듣기 좋게 하는 말

8일

국물도 없다
돌아오는 이득이 아무것도 없다

건더기 하나 없는 국물도 실망스러운데, 국물조차 없다니 얼마나 섭섭할까요? 아무것도 받지 못할 때 '국물도 없다'라고 말해요. 노력에 비해 국물도 없으면 섭섭하고 실망스럽기도 해요.

 예문

**흥부에게 나쁜 행동만 저질렀던 놀부에겐
국물도 없어야 해!**

 확장
어휘

없는 것이 없다
모든 것이 다 갖추어져 있다

24일

몰입하다

沒	入
빠질 몰	들 입

깊이 파고들거나 빠지다

낮이 밤이 되는 줄 모르고 퍼즐 맞추기에 집중한 일, 밥 먹을 시간도 잊은 채 소설책에 푹 빠지는 일. 어떤 일에 푹 빠져서 시간 가는 줄 몰랐던 경험이 있나요? 그것이 '몰입'이랍니다. 중요한 일에 집중할 수 있는 몰입의 능력을 길러 보세요.

 예문

나는 컴퓨터 코딩에 몰입할 때가 가장 행복해.

비슷한 말

몰두하다
어떤 일에 온 정신을 다 기울여 열중하다

반대말

산만하다
어수선하여 질서나 통일성이 없다

9일

사회

부동산

不	動	産
아닐 불(부)	움직일 동	재산 산

땅이나 건물처럼 움직일 수 없는 재산

개인이 가진 아파트, 주택, 건물, 땅, 산과 같이 움직일 수 없는 재산을 말해요. 집값이 오르거나 건물값이 오르면 재산도 늘어나요. 주택이나 건물을 다른 사람에게 빌려주고 임대료를 받아 이익을 얻기도 해요. 땅이 좁고 사람이 많이 살면 부동산이 크게 오를 때가 많아요.

 예문

아파트나 주택, 빌딩 등은 대표적인 부동산입니다.

확장 어휘		
	동산	돈, 보석처럼 옮길 수 있는 재산
	임대	돈을 받고 자기의 물건이나 부동산을 남에게 빌려줌

23일

사자
성어

과유불급

過	猶	不	及
지나칠 과	같을 유	아닐 불	미칠 급

정도를 지나침은 미치지 못함과 같다

공자에게 어떤 두 사람을 비교하여 누가 더 어진가를 물었더니 한 사람은 지나친 면이 있고, 다른 한 사람은 미치지 못한 면이 있다고 대답했어요. 즉, 둘 중 누가 어질다고 할 수 없이 뭐든 적당해야 좋다는 뜻이에요. '좋은 것도 적당히'를 기억하세요.

 예문

강낭콩을 잘 기르려고 물을 매일같이 줬더니
과유불급이라고 뿌리가 썩어 버렸어.

확장
어휘

지나치다 일정한 한도를 넘어 정도가 심하다
미치다 공간적 거리나 수준 따위가 일정한 선에 닿다

10일

감정

막막하다

寞	寞
쓸쓸할 막	쓸쓸할 막

앞이 보이지 않는 것처럼 답답한 마음

미술 시간 내내 정성껏 그린 그림에 물을 쏟아 버렸을 때, 모든 것이 일시 정지된 듯 앞이 캄캄해져요. '내 그림 어쩌지?' '쏟은 물은 어떻게 치우지?' 어찌해야 할 바를 몰라 답답한 마음이 앞서요. 바로 막막한 마음이에요. 막막할 때는 지금 당장 해야 할 일부터 선명하게 떠올려 보세요. 조금씩 실마리가 보일 거예요.

 예문

과학 상상화 그리기 대회에서 무엇을 그려야 할지
막막해서 한참을 가만히 있었어요.

 확장
어휘

답답하다 애가 타고 갑갑하다
쓸쓸하다 외롭고 적적하다

22일

사자
성어

죽마고우

竹	馬	故	友
대나무 죽	말 마	옛 고	벗 우

어릴 때부터 같이 놀며 자란 벗

'죽마'는 대나무로 만든 말 모양의 옛 놀이 기구예요. 잎이 달린 긴 대나무를 가랑이에 끼우고 말이라고 하며 끌고 다녔대요. 이처럼 어릴 때 대나무 말을 함께 타고 놀며 자란 친구를 죽마고우라고 해요. 여러분의 죽마고우는 누구일까요? 그 친구와 깊은 우정을 나누세요.

 예문

아빠는 죽마고우 친구들과 여전히 우정이 깊으셔.

확장
어휘

벗 비슷한 또래로서 서로 친하게 사귀는 사람

지란지교 지초와 난초같이 향기로운, 벗 사이의 맑고도 고귀한 사귐

슬그머니

남이 알아차리지 못하게 슬며시

엄마가 잠들었을 때 슬그머니 과자를 집어 들면 정말 아슬아슬하고 재미있는 순간이 될 수 있지요. 이런 조용한 순간들은 우리의 일상 속 작은 모험과 같아요. 하지만 자주 슬그머니 행동하다 보면 상대방이 오해할 수도 있으니 조심해요. 때로는 당당하게 행동하는 것도 필요하거든요.

 예문

친구가 선생님 몰래 슬그머니 스마트폰을 집어 들었다.

확장
어휘

넌지시 드러나지 않게 은근히
슬며시 남의 눈에 띄지 않게 넌지시

21일

뜬구름 잡다

확실하지 않고 헛된 것을 따르다

하늘 높이 떠 있는 구름은 손에 잡힐까요? 아무리 폴짝폴짝 뛰어도 뜬구름까지 손이 닿을 리가 없지요. 게다가 구름은 수증기라서 손이 뻗는다고 할지언정 잡을 수 없답니다. 헛된 일에 너무 관심을 기울이지 않도록 해요.

 예문

뜬구름 잡는 소리에 모두 어이가 없었다.

확장 어휘

일장춘몽
한바탕의 봄 꿈이라는 뜻으로, 헛된 기대나 덧없는 일

一	場	春	夢
하나 일	마당 장	봄 춘	꿈 몽

12일

염치

廉	恥
청렴할 렴(염)	부끄러울 치

체면을 차릴 줄 알며 부끄러움을 아는 마음

친구 집에 놀러 갔을 때 다 놀고 깨끗이 정리하고 가는 것, 지하철에서 노약자나 임산부에게 자리를 양보하는 것, 카페에서 다른 곳에서 산 음식을 먹지 않는 것이 '염치'예요. '염치가 있다'는 다른 사람에게 불편함을 주지 않으려고 배려하는 마음을 표현할 때 사용해요.

 예문

버스에서 할머니가 서 계신 데도 모르는 척 핸드폰만 하다니, 참 염치가 없구나!

비슷한 말	**얌치** 마음이 깨끗하여 부끄러움을 아는 태도
반대말	**파렴치** 염치를 모르고 뻔뻔스러움

20일

감정

섬뜩하다

갑자기 소름이 끼치도록 무섭고 끔찍하다

늦은 밤 나를 뒤따라오는 듯한 검은 그림자에 뒷골이 서늘해질 때, 친구의 귀신 이야기에 머리카락이 쭈뼛 설 때 섬뜩한 마음이 들어요. 섬뜩함을 느끼면 심장이 두근두근 빨리 뛰고 눈이 커져요. 발걸음이 빨라지기도 하고 친구의 손을 꽉 잡기도 해요.

 예문

꿈에서 본 장면을 실제로 마주하다니, 기분이 섬뜩했다.

비슷한 말

무섭다 어떤 대상에 대하여 꺼려지거나 무슨 일이 일어날까 겁나는 데가 있다

끔찍하다 진저리가 날 정도로 참혹하다

APRIL

13일

사회

세금

稅	金
거둘 세	돈 금

나라의 살림살이를 위해
국민으로부터 거두어들이는 돈

국민은 소득세, 재산세, 자동차세와 같은 세금을 내고, 국가는 국민의 세금을 꼭 필요한 곳에 써요. 국민은 세금을 내야 하는 의무를 지녔어요. 국회에서는 세금을 어디에 쓸 것인지 검토하고 제대로 쓰였는지 심사해요. 국민의 피, 땀, 눈물이 섞인 세금을 함부로 쓰면 안 되니까요.

 예문

국민은 나라 살림에 필요한 돈을 세금으로 내요.

확장
어휘

납세 세금을 냄
혈세 피와 같은 세금이라는 뜻으로, 귀중한 세금을 일컫는 말

19일

열 번 찍어
안 넘어가는 나무 없다

어려운 일이라도 노력하면 못 이룰 게 없다

아무리 큰 나무라도 여러 번 시도하면 결국 베어 낼 수 있다는 말로, 노력하면 안 되는 일이 없다는 뜻이에요. 한결같이 한 가지 일을 끝까지 하면 언젠가는 목적을 이룰 수 있어요. 이루고 싶은 일이 있나요? 몇 번의 도전과 노력을 했나요? 적어도 열 번은 해 보았나요?

오늘의 생각

아직 이루지 못한 일이 있다면 꾸준히 해보세요.

확장
어휘

줄기차다 억세고 세차게 계속되어 끊임없다

부단하다 꾸준하게 잇대어 끊임이 없다

不	斷
아닐 불(부)	끊을 단

14일

용기

勇	氣
날쌜 용	기운 기

씩씩하고 굳센 기운

부끄럽지만 손을 들고 발표하는 용기. 넘어질까 봐 두렵지만 자전거 페달에 발을 올리는 용기, 따돌림을 당하는 친구를 못 본 척하지 않는 용기, 세상을 바꾼 이들에게는 남들보다 단단한 '용기'가 있었어요. 이번 주는 단단한 용기를 가져 볼까요?

 예문

오늘은 용기 내어 그 아이에게 내 마음을 고백할 거야. (나에게 용기를 줘!)

 패기
어떤 어려운 일이라도 해내려는 굳센 기상이나 정신

 비겁하다
하는 짓이나 성품이 천하고 겁이 많다

18일

희망하다

希	望
바랄 희	바랄 망

어떤 일을 이루거나 바라는 마음, 잘될 거라고 믿는 마음을 갖다

친한 친구와 짝이 될 수 있을 거라는 믿음, 할머니께서 곧 건강을 되찾으실 거라는 믿음, 몇 번을 넘어져도 자전거를 잘 탈 수 있을 거라는 믿음이 희망이에요. 더 나아질 것 같은 막연한 느낌이 아니라 더 나은 내일을 만들겠다는 결심이 희망을 만들어요.

 예문

어려울수록 더욱 희망을 잃지 말아야 해.
희망은 빛이니까.

 비슷한 말

꿈꾸다 속으로 어떤 일이 이루어지기를
은근히 바라거나 뜻을 세우다

갈망하다 간절히 바라다

기도하다 바라는 것을 이루려고 꾀하다

15일

감정

실망하다

失	望
잃을 실	바랄 망

바라던 일이 뜻대로 되지 않아 마음이 몹시 상하다

기대가 무너졌을 때 느끼는 마음이 실망이에요. 믿었던 사실이 아니라는 걸 알았을 때, 생각처럼 잘되지 않을 때 실망이 생겨요. 하지만 너무 실망하지 말아요. 우리는 세상의 모든 결말을 알 수 없어서 단 한 번도 실망하지 않고 살기는 어려우니까요. 조금 실망하는 일만큼 희망찬 일도 많답니다.

 예문

단짝 세연이가 생일선물을 주지 않는다니, 정말 실망했어.

비슷한 말

절망하다 바라볼 것이 없게 되어 모든 희망을 끊어 버리다
상심하다 슬픔이나 걱정 따위로 속을 썩이다

17일

관용어

도마 위에 오르다
비판의 대상이 되다

선생님께서 우리 반 친구 관계에 대해 이야기해 보자고 조심스럽게 말씀하셨어요. 왕따 문제가 도마 위에 오른 거지요. 도마 위에 올려 둔 식재료는 어떻게 손질할지 요리사의 주목을 받지요. 어떤 사건이나 문제도 도마 위에 오르면 주목받게 돼요. 주로 좋지 않은 일로 말이 많을 때 쓰는 표현이에요.

 예문

아침 독서 시간이 점점 소란스러워지는 문제가 도마 위에 올랐어.

확장
어휘

구설수가 있다
남과 시비하거나 남에게서 헐뜯는 말을 듣게 될 운수가 있다

口	舌	數
입 구	혀 설	셀 수

16일

국어

낮 · 낫 · 낯

낮 : 해가 떠 있는 시간
낫 : 풀을 베는 데 사용하는 농기구
낯 : 사람의 얼굴

세 낱말은 모두 〔낟〕으로 같은 소리가 나지만 의미는 달라요. 글자마다 '이'를 붙여 읽어 볼까요? '낮이'는 〔나지〕로, '낫이'는 〔나시〕로, '낯이'는 〔나치〕로 소리 나요. 받침이 헷갈릴 때는 이어주는 말을 붙여 읽어 보세요. 어떤 받침 글자를 쓸지 떠오를 거예요.

 예문

삼촌이 **낮**에 **낫**으로 풀을 베고 있는데, **낯**익은 사람이 찾아왔어.

 확장
어휘

빗 머리카락을 빗는 데 쓰는 도구
빛 반짝이는 광채
빚 남에게 갚아야 할 돈

과학

정전기

靜	電	氣
고요할 정	전기 전	기운 기

움직이지 않는 전기

건조한 겨울에 옷을 벗다가 찌릿했던 경험을 떠올려 보세요. 움직이지 않고 쌓여 있던 정전기가 짧은 순간에 흘러서예요. 두 물체가 마찰했을 때 각각의 물체는 전기를 띠게 돼요. 그런데 이때 만들어진 전기는 없어지지 않고 잠시 머물러 있어서 정전기라고 해요.

 예문

고무풍선이나 책받침으로 머리카락을 비빈 다음 살짝 뗐을 때 머리카락이 딸려 올라오는 것은 정전기 때문이다.

확장
어휘

정전 오던 전기가 끊어짐
단전 전기의 공급이 중단됨

17일

속담

자라 보고 놀란 가슴 솥뚜껑 보고 놀란다

비슷한 물건을 보기만 해도 겁을 낸다

자라는 등딱지가 솥뚜껑을 엎어 놓은 것처럼 생겼어요. 자라 보고 놀란 적 있는 사람은 솥뚜껑만 봐도 자라가 떠올라 다시 놀란다는 뜻이에요. 큰 충격 을 받으면 비슷한 상황이 되었을 때 그때의 충격이 떠오르기도 해요. 이것을 어려운 말로 '트라우마'라고 해요.

오늘의 생각

여러분에게는 큰 충격을 받아 잊히지 않는 기억이 있나요?

확장 어휘

떠오르다 기억이 되살아나거나 잘 구상되지 않던 생각이 나다
되살아나다 잊었던 감정이나 기억, 기분 따위가 다시 생각나거나 느껴지다

15일

속담

누워서 침 뱉기
남을 해치려다 도리어 자기가 해를 입게 된다

누워서 하늘을 향해 침을 뱉으면 어떻게 될까요? 아무리 세게 뱉어도 다시 내 얼굴을 향해 떨어져요. 다른 사람의 험담을 한 적이 있나요? 다른 사람을 향해서 했던 나쁜 말과 행동은 결국 부메랑처럼 나를 향해 돌아와요. 결국, 내 얼굴에 스스로 침을 뱉은 것과 다름없죠.

오늘의 생각

오늘은 다른 사람을 흉보기보다 감싸 안는 너그러운 마음을 가져 보세요.

확장 어휘

어수룩하다 겉모습이나 언행이 치밀하지 못하여 순진하고 어설픈 데가 있다

미련하다 터무니없는 고집을 부릴 정도로 매우 어리석고 둔하다

18일

인내하다

忍	耐
참을 인	견딜 내

괴로움이나 어려움을 참고 견디다

놀자고 하는 친구에게 숙제부터 끝내고 놀겠다고 말하는 것, 짝꿍에게 할 말이 있어도 참았다가 쉬는 시간에 말하는 것, 오래달리기에서 남은 한 바퀴를 끝까지 참고 뛰는 것이 인내예요. 살다 보면 인내가 필요한 날이 참 많아요. 하지만 인내의 끝은 언제나 달콤하답니다.

 예문

단소 소리가 잘 날 때까지 인내하며 연습했더니
드디어 맑은 소리가 나기 시작했어!

비슷한 말

버티다 어려운 일이나 외부의 압력을 참고 견디다
무릅쓰다 힘들고 어려운 일을 참고 견디다

국어

다르다 · 틀리다

다르다 : 어떤 점이 서로 같지 않다
틀리다 : 계산이나 사실 따위가 맞지 않다

'다르다'의 반대말은 '같다'이고 '틀리다'의 반대말은 '맞다'예요. 수달과 해달은 서로 다른 동물일까요, 틀린 동물일까요? 수달과 해달은 서로 같지 않기에 서로 다른 동물이에요. 수달은 맞고 해달은 틀린 동물은 아니니까요.

 예문

문제를 풀 때 과정은 달라도
답이 틀리지 않으면 괜찮아.

확장
어휘

띠다 색깔이나 감정, 기운을 가지다
띄다 ('뜨이다'의 준말) 남보다 두드러지게 보이다

19일

관용어

귀감이 되다

龜	鑑
거북 귀	거울 감

본보기가 되다

귀감은 거북이의 등껍질과 거울을 뜻해요. 옛날 사람들은 거북이의 등껍질로 앞날을 점쳤어요. 거울로는 자신의 용모를 살펴봤고요. 즉 거북이 등껍질과 거울로 자신을 돌아보고 바로잡았던 거죠. 오늘날에는 '귀감'을 본보기라는 의미로 사용해요.

 예문

1960년 4월 19일 학생과 시민이 중심이 되어 일으킨 4.19혁명은 민주주의 역사에 귀감이 되었다.

확장
어휘

될 대로 되어라 일의 결과에 대하여 아무렇게나 되라는 식으로
포기한 상태

되지 못하다 언행이 옳지 못하다

13일

눈에 밟히다

잊히지 않고 자꾸 생각나다

발에 무언가가 밟히면 걸리적거려요. 눈에 무언가가 밟히면 마음이 쓰여요. 어떤 사람이나 물건에 애틋함, 그리움, 아쉬움의 감정이 뒤섞여 미련이 생기기도 해요. 그래서 잊히지 않고 자꾸 생각나는 거예요. 눈에 밟히는 무언가가 있나요?

 예문

심청이는 아버지가 눈에 밟혔지만 눈을 꼭 감고 인당수로 뛰어들었대.

확장
어휘

눈에 콩깍지가 씌었다
앞을 가리어 사물을 정확하게 보지 못한다

20일

사회

차별

差	別
다를 차	나눌 별

정당한 이유 없이 구별하고 다르게 대우하는 것

장애인이 편의 시설을 이용할 때 어려움을 겪는 것, 다문화 가정의 어린이가 피부색이 다르다고 따돌림을 당하는 것, 외국인 근로자가 직장을 구할 때 차별을 받고 외국인 근로자가 우리나라 사람과 다른 월급을 받는 것이 차별이에요.

 예문

조금 다르다는 이유로 차별받는 친구는 없는지 잘 살펴봐야겠어. 오늘은 장애인의 날이니까!

확장 어휘

차이
서로 같지 않고 다름

● 차이는 단순히 서로 다르다는 의미지만 차별은 다르게 대우하는 의미도 포함해요.

12일

소탐대실

小	貪	大	失
작을 소	탐할 탐	큰 대	잃을 실

작은 것을 탐하다가 큰 것을 잃음

눈앞의 작은 이익을 얻으려다가 오히려 더 큰 손해를 볼 때가 있어요. 먼저 줄 서겠다고 친구와 다투게 되면 친구보다 빨리 설 수는 있지만, 그보다 더 중요한 친구 관계에 금이 갈 수 있겠지요? 작은 것보다 더 큰 것을 볼 수 있는 하루 보내세요.

 예문

지우개가 아까워서 짝에게 빌려주지 않았더니,
소탐대실이라고 짝과 사이가 어색해졌어.

확장
어휘

탐하다 어떤 것을 가지거나 차지하고 싶어 지나치게 욕심을 내다
욕망하다 가지거나 누리고자 간절하게 바라다

21일

벅차다

감격, 기쁨, 희망 따위가 넘칠 듯이 가득하다

멋진 작품을 보았을 때의 감동, 우리나라 선수가 어렵게 승리했을 때의 감격, 힘겨운 봉사를 마치고 나왔을 때의 보람처럼 기쁨, 희망, 감격과 같은 감정이 넘칠 듯이 가득할 때 벅차다고 말해요. 오늘은 어떤 가슴 벅찬 일이 기다리고 있을까요?

 예문

과학의 날 글짓기 대회에서 상을 받다니! 가슴이 벅찼어요.

다른 뜻	**벅차다** 감당하기가 어렵다 [예문: 시험을 앞두고 공부를 몰아서 하려니 너무 벅차다]
비슷한 말	**뿌듯하다** 기쁨이나 감격이 마음에 가득 차서 벅차다

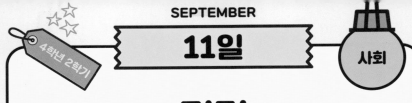

편견

偏	見
치우칠 편	볼 견

공정하지 못하고 한쪽으로 치우친 생각

'여자는 얌전해야지' '남자는 힘이 세야지'처럼 공정하지 못하고 한쪽으로 치우친 생각이 '편견'이에요. 보통 어떤 대상에 대해 가지는 나쁜 감정이나 평가를 말해요. 편견에서 벗어나야 다른 사람을 차별 없이 공정하게 대할 수 있어요.

 예문

문화가 다른 사람들이 함께 살아가기 위해서는 편견 없이
서로 다른 문화의 가치를 올바르게 이해해야 합니다.

확장
어휘

고정 관념
마음속에 굳어 있어 변하지 않는 생각

● 편견은 한쪽으로 기울었다는 나쁜 의미가 들어 있지만 고정 관념은 좋고 나쁨의 의미가 들어 있지 않아요.

어이없다
일이 너무 뜻밖이어서 기가 막히는 듯하다

맷돌 손잡이를 '어이'라고 해요. 맷돌을 돌리려는데 손잡이가 없으면 어떤 기분이 들까요? 이런 상황을 어이가 없다고 해요. 말도 안 되는 상황이나, 상상도 못 했던 일이 벌어졌을 때 쓰는 말이에요. 어이없는 상황은 당황스럽기도 하지만, 때로는 웃음을 주기도 하니 너그럽게 넘어가도 좋아요.

 예문

내 간식을 몰래 먹은 범인이 우리 집 강아지라니, 어이없다.

비슷한 말

기막히다 너무 놀랍거나 언짢아서 할 말이 없다

황당하다 너무 뜻밖이어서 어찌할 바를 몰라 당황스럽다

터무니없다 정당한 이유 없이 허황하고 엉뚱하다

10일

이를 갈다

매우 분하고 화나서
독한 마음을 먹고 기회를 엿본다

누군가에게 지거나 내가 정한 목표를 이루지 못하면 분하고 화나기도 해요.
이때 다음 기회에는 더 잘하기 위해 다짐하고 노력하는 과정을 '이를 갈다'라
고 표현해요. 하지만 진짜 이는 갈지 마세요. 턱도 아프고 이도 상하니까요!

 예문

지난 피구 대회에서 준우승을 한 우리반,
이번엔 기필코 우승을 하겠다고 이를 갈며 연습했어.

**확장
어휘**

이를 악물다 힘든 일을 이겨 내려고 큰 결심을 하거나 꾹 참다
이가 빠지다 그릇의 가장자리나 칼날의 일부분이 떨어져 나가다

23일

5학년 2학기

과학

생태계

生	態	系
살 생	모습 태	이을 계

생물과 생물이 살아가는 모습의 체계

우리가 사는 지구에는 화단이나 연못처럼 작은 생태계부터 숲과 바다처럼 큰 생태계도 있어요. 생태계 생물이 서로 먹고 먹히는 관계를 이루며 생물의 수가 균형을 이루고 있어요. 이를 '생태계 평형'이라고 해요. 오늘은 지구 환경 오염의 심각성을 알리기 위해 제정한 '지구의 날'이에요.

 예문

생태계는 동식물과 같이 살아 있는 생물 요소와 햇빛과 공기, 물처럼 살아 있지 않은 비생물 요소로 구성되어 있다.

확장 어휘

먹이 사슬 생태계에서 먹이를 중심으로 이어진 생물 간의 관계
포식자 다른 생물을 잡아먹는 무리

9일

감정

후회하다

後	悔
뒤 후	뉘우칠 회

지난 일을 깨닫고 뉘우치다

'그때 왜 그랬을까?' '내가 정말 잘못했어'라는 생각이 들 때가 있어요. 이미 지나간 일에 대해 스스로를 탓하는 마음이 후회예요. 후회는 비슷한 상황이 닥쳤을 때 더 나은 행동을 할 수 있게 도와주는 감정이에요. 당장의 후회는 기분이 나쁘고, 스트레스를 주지만 잘못을 되풀이되지 않게 해 주기도 해요.

 예문

배탈이 나자 아이스크림을 두 개나 먹은 내 행동을 땅을 치며 후회했다.

비슷한 말

자책하다 자신의 결함이나 잘못에 대하여 스스로 깊이 뉘우치고 자신을 책망하다

돌아보다 지난 일을 다시 생각해 보다

24일

관용어

귓등으로 듣다

듣고도 들은 체 만 체 한다

'귓등'은 귀의 바깥쪽 부분을 말해요. 다른 사람의 말을 귓속으로 듣지 않고 귓등으로 들으면 아마 제대로 들리지 않을 거예요. "이제 그만 자야지"라는 엄마의 말씀에 대답도 없이 하고 싶은 일만 계속한다면 귓등으로 듣고 있었을지도 몰라요.

 예문

나에게 도움이라고는 전혀 안 되는 말은 차라리 귓등으로 듣는 게 낫겠다.

확장 어휘

한 귀로 듣고 한 귀로 흘린다 다른 사람의 말을 대충 듣는다
듣도 보도 못하다 들은 적도 본 적도 없어 전혀 알지 못하다

SEPTEMBER

8일

과학

일식

日	蝕
해 일	좀먹을 식

달이 태양의 일부나 전부를 가림

해와 지구 사이에 달이 끼여 해가 좀먹은 것처럼 가려질 때가 있어요. 해가 완전히 가려지면 개기 일식, 일부가 가려지면 부분 일식이에요. 일식을 관찰하기 위해 해를 맨눈으로 보면 눈을 다칠 수 있어요. 무조건 일식 관측용 안경을 사용해야 해요. 다가오는 개기 일식은 2035년으로 예상해요.

 예문

개기 일식이 발생하면 주위가 잠시 어두워진다.

확장 어휘

월식 달이 지구의 그림자에 가려 일부나 전부가 가려짐
천문대 천체 현상을 관측하고 연구하는 곳

● 경주의 첨성대는 신라 시대에 만들어진 우리나라 최초의 천문대예요.

25일

사회

소득

所	得
바 소	얻을 득

일한 결과로 얻은 정신적, 물질적 이익

우리는 예쁜 옷을 입고, 맛있는 음식도 먹고 싶어요. 재미있는 영화도 보고 싶고, 필요한 책도 사야 해요. 그러기 위해서는 소득이 있어야 해요. 소득은 월급과 같이 사람이 벌어들인 돈을 말해요. 은행에 저축해서 생긴 이자, 건물을 빌려 주고 받는 임대료도 소득이에요.

 예문

일을 한 대가로 월급을 받거나, 가게나 공장을 운영하여 번 수입, 재산에 생긴 이자, 건물을 빌려주고 월세를 받는 것이 소득이에요.

확장 어휘

수입 1. 경제 활동으로 벌어들이거나 거두어들인 돈이나 물품
(반대말: 지출)

2. 다른 나라로부터 상품이나 기술 따위를 국내로 사들임
(반대말: 수출)

7일

책임감

責	任
임무 책	맡길 임

맡은 일을 중요하게 여기는 마음

부모님이 우리 가족을 잘 보살피고자 하는 마음, 내가 맡은 1인 1역을 중요하게 여기는 마음, 해야 하는 일을 먼저 끝내려는 마음이 '책임감'이에요. '책임'은 소리 없는 약속이랍니다. 책임감 있는 사람에게는 더 많은 기회가 찾아와요. 책임감을 피하지 마세요. 기회를 놓치는 거니까요.

 예문

책임감이 강한 아이라는 선생님의 칭찬에 어깨가 들썩였다.

비슷한 말	**사명감** 주어진 임무를 잘 수행하려는 마음가짐
반대말	**모면하다** 어떤 일이나 책임을 꾀를 써서 벗어나다

26일

속담

소 잃고 외양간 고친다

일이 잘못된 뒤에는 손을 써도 소용이 없다

외양간은 소를 기르는 곳이에요. 그런데 글쎄, 외양간 문이 부서졌지 뭐예요? 주인이 문 고치는 걸 계속 미루는 사이에 소는 도망을 가 버렸어요. 주인은 후회하며 문을 고쳤지만 이미 소는 사라진 뒤였지요. 일이 잘못된 뒤에는 후회해도 소용이 없어요.

오늘의 생각

내가 미루고 있는 일은 없는지 떠올려 보고
오늘은 꼭 실천하세요.

확장
어휘

실천하다
생각한 바를 실제로 행하다

實	踐
열매 실	밟을 천

6일

오지랖이 넓다

남의 일에 쓸데없이 참견하기 좋아한다

'오지랖'은 원래 한복 윗옷의 앞자락을 뜻해요. 오지랖이 넓은 옷을 입고 걷다 보면 사람이나 물건 여기저기 건드려질 거예요. 요즘에는 쓸데없이 아무 일에나 참견하기를 좋아함을 의미하지요. 무엇이든 적당함을 유지하는 게 좋아요.

 예문

오지랖이 넓게 묻지도 않은 일에 이래라저래라
참견하더니 결국 미운털이 박혔대.

확장
어휘

발이 넓다 사귀어 아는 사람이 많아 활동하는 범위가 넓다
마당발 인간관계가 넓어서 폭넓게 활동하는 사람

27일

국어

콧잔등
코 위의 가운데 부분

운동을 하다가 땀이 나면 그 땀이 콧잔등을 타고 흘러내릴 수 있어요. 햇빛에 오래 노출되면 콧잔등이 빨갛게 탈 수도 있지요. 일상에서 자주 경험하는 이런 작은 일들을 생각하며 '콧잔등'이라는 단어를 기억해 볼까요?

 예문

콧잔등에 붙은 수박씨를 손으로 털어냈다.

확장
어휘

콧방울 코끝 양쪽으로 둥글게 방울처럼 튀어나온 부분
콧대 콧등의 우뚝한 줄기, 코의 높낮이를 표현

SEPTEMBER

5일

사자
성어

천고마비

天	高	馬	肥
하늘 천	높을 고	말 마	살찔 비

하늘이 맑아 높푸르게 보이고
온갖 곡식이 익는 가을철

날씨가 맑아 하늘이 높고 온갖 곡식이 익는 계절, 즉 가을을 뜻해요. 사람이나 동물에게 먹을 것이 풍부한 계절이지요. 우리는 뱃살을 찌우기보다 지식을 살찌우는 계절이 되도록 노력해 볼까요? 올해 천고마비의 계절은 책과 함께 시작해 보아요.

 예문

천고마비의 계절은 말이 살찐다더니,
왜 내가 자꾸 살이 찌려고 하지?

확장
어휘

풍족하다 매우 넉넉하여 부족함이 없다
넉넉하다 크기나 수량 따위가 기준에 차고도 남음이 있다

28일

사자성어

살신성인

殺	身	成	仁
죽일 살	몸 신	이룰 성	어질 인

자신의 몸을 희생해서 옳은 일을 이룸

다른 사람을 위해 자신을 희생하는 것을 뜻해요. 희생과 헌신을 아끼지 않는 분의 행동을 살신성인에 비유할 수 있어요. 오늘은 나보다 백성을 먼저 생각하고 나라를 구한 위인, 바로 충무공 이순신 장군의 탄신일이에요. 살신성인의 대표적인 성웅이시죠.

 예문

다친 나를 살신성인의 마음으로 치료해 주신 보건 선생님의 헌신을 잊지 않을 거예요.

확장 어휘

성웅 많은 사람이 존경하는 영웅
힘쓰다 남을 도와주다
투신하다 어떤 직업이나 분야 따위에 몸을 던져 일을 하다

4일

될성부른 나무는
떡잎부터 알아본다

잘될 사람은 어려서부터 남다르다

● 남다르다: 보통의 사람과 유난히 다르다

어린 나이에도 남다른 재능을 보이는 친구들이 있어요. 그림, 노래, 축구, 수학, 글쓰기, 리더십… 사람이 지닌 장점은 무한해요. 나는 무엇을 잘하나요? 잘하는 게 떠오르지 않으면 좋아하는 걸 떠올려보세요. 좋아하는 걸 열심히 하다 보면 잘하는 게 될 수 있답니다. 여러분은 모두 될성부른 나무예요.

오늘의 생각

오늘의 마법 주문을 외워 보세요.
"나는 떡잎부터 다른 될성부른 나무야!"

**확장
어휘**

각별하다
어떤 일에 대한 마음가짐이나
자세 따위가 유달리 특별하다

各	別
각각 각	다를 별

29일

관용어

코가 납작해지다

몹시 무안을 당하거나 기가 죽다

無	顔
없을 무	얼굴 안

● 무안: 얼굴을 들지 못할 만큼 수줍거나 창피하다

달리기 시합 전에 자기가 제일 빠르다고 잘난 척하던 친구가 시합에서 넘어졌어요. 다른 사람을 자기보다 못하다며 무시하다가 결국 창피를 당한 거지요. 이런 상황에 '코가 납작해지다'라고 해요. 오똑해야 할 코가 납작해지면 얼마나 기가 죽을까요?

 예문

달리기를 잘한다고 잘난 척하더니, 결국 시합에 져서 코가 납작해졌다며?

확장
어휘

코가 높다 잘난 체하며 거만하다
코가 꿰이다 약점이 잡히다

3일

가치

절약하다

節	約
마디 절	묶을 약

꼭 필요한 데만 써서 아끼다

연필이 몽땅해질 때까지 쓰는 것, 필요한 등만 켜는 것, 양치 컵에 물을 받아 쓰는 것, 받은 용돈을 다 쓰지 않고 저금하는 것이 '절약'이에요. 절약은 꼭 필요할 때 기회를 만들어 주는 마법이에요. 오늘부터 절약하는 행동으로 미래를 위한 기회를 차곡차곡 쌓아 볼까요?

 예문

우리 할머니는 절약이 몸에 밴 분이셔. 할머니의 절약 정신을 본받아야지.

비슷한 말	**검소하다** 사치하지 않고 꾸밈없이 수수하다
반대말	**낭비하다** 시간이나 재물 따위를 헛되이 헤프게 쓰다

30일

감정

질색하다

窒	塞
막힐 질	막힐 색

몹시 싫거나 놀라서 기가 막히다

질색은 아주 싫어하거나 꺼리는 것을 나타내는 말이에요. 하기 싫은 것을 갑자기 해야 하거나, 듣고 싶지 않은 소리를 들어야 할 때 질색일 수 있어요. 누구나 질색할 만한 일도 있지만 내가 특별히 싫어하거나 꺼리는 것이 있을 수 있어요. 질색인 것보다 좋아하는 것이 더 많길 바라요.

 예문

똥 이야기는 이제 그만! 딱 질색이거든.

비슷한 말

피하다 원치 않은 일을 당하거나 어려운 처지에 놓이지 않도록 하다

꺼리다 사물이나 일 따위가 자신에게 해가 될까 하여 피하거나 싫어하다

2일

관용어

쌔기를 박다

다시는 그런 일 없도록 다짐을 두다

'쌔기'는 나무로 짠 물건의 연결 부분을 고정시킬 때 쓰는 일종의 나무 나사를 말해요. 이음새에 쌔기를 박으면 단단히 고정이 되지요. 어떤 일을 확실히 할 때 뒤에 딴말이 나오지 않도록 약속을 하거나 다짐을 받아둘 때 사용해요. 약속이나 다짐에 쌔기를 박아 두면 얼마나 단단할까요?

 예문

우리 반 슛돌이 강민이는 텅 빈 골문으로 달려가 승리에 쌔기를 박았다.

확장 어휘

철두철미
처음부터 끝까지 철저하게

徹	頭	徹	尾
통할 철	머리 두	통할 철	꼬리 미

5월

박차를 가하세요.
아는 어휘가 점점 늘어 가고 있으니까요!

1일

사자성어

개과천선

改	過	遷	善
고칠 개	허물 과	옮길 천	착할 선

지난날의 잘못이나 허물을 고쳐 올바르고 착하게 됨

사람은 누구나 잘못을 저지를 수 있어요. 중요한 건 자신의 잘못을 뉘우치고 다음부터는 그러지 않으려고 노력하는 거예요. 나의 단점을 하나 떠올려 보세요. 그리고 오늘부터 개과천선해 볼까요?

 예문

맨날 친구를 놀리더니, 방학을 지내는 사이에 너 개과천선했구나!

확장 어휘	**회개하다** 잘못을 뉘우치고 고치다
	뉘우치다 스스로 제 잘못을 깨닫고 마음속으로 가책을 느끼다

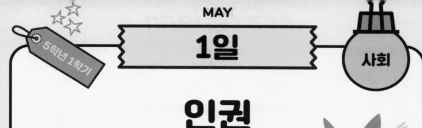

MAY

1일

인권

人	權
사람 인	권리 권

인간답게 살기 위한 사람의 권리

사람이 태어날 때부터 마땅히 가지는 권리로 누구도 함부로 빼앗을 수 없어요. 피부색, 성별, 생각이 다르다고 다른 사람을 차별하거나 무시하는 것은 인권을 침해하는 행위예요. 어린이, 여성, 노인, 장애인과 같은 사회적 약자도 인권을 보장받을 수 있도록 사회에서 도움을 줘야 해요.

 예문

근로자의 열악한 노동 조건을 개선하고 인권을 보장하기 위해 5월 1일을 근로자의 날로 정해 두었어요.

확장 어휘

사회적 약자 신체적, 경제적, 사회적, 문화적으로 인간다운 삶을 누리는 데 어려움을 겪는 집단

동물권 쾌락과 고통을 느낄 수 있는 존엄한 생명체로서 동물이 가지는 권리

꾸준히 잘 오고 있다면 멋진 사람이 될 거예요.
떡잎부터 남다르니까요!

2일

겅중겅중

긴 다리를 모으고
계속 힘 있게 솟구쳐 뛰는 모양

캥거루가 높이 또는 멀리 뛰어다니는 모습을 상상해 보세요. 바로 '겅중겅중' 뛰는 모습이에요. 반면 '껑충껑충'은 높이 또는 멀리 뛰는 모양이지만 경쾌하게 뛰는 동작을 흉내 내는 말이에요. '깡충깡충'은 주로 작은 동물이 작고 빠르게 뛰는 모양을 흉내 내는 말이고요.

 예문

우리 강아지는 겅중겅중 높이 뛰어오르며
나를 반겨요.

확장
어휘

폴짝폴짝 가볍고 빠르게 뛰는 모양
사뿐사뿐 소리가 나지 않게 발을 가볍게 내딛으며 걷는 모양

AUGUST

31일

과학

자외선

紫	外	線
보랏빛 자	바깥 외	줄 선

가시광선의 보랏빛보다 바깥쪽에 나타나는 눈에 보이지 않는 빛

햇빛에 오랜 시간 노출되어 있으면 피부가 그을러요. 바로 햇빛 중에서 자외선 때문이에요. 자외선은 세균을 죽일 수 있어 소독할 때도 써요. 하지만 강한 자외선은 피부에 해롭답니다.

 예문

햇빛이 강한 날에는 자외선 차단제를 꼼꼼히 발라야 해요.

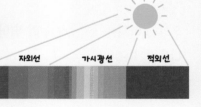

확장
어휘

가시광선 사람의 눈으로 볼 수 있는 빛
적외선 가시광선의 붉은빛보다 바깥쪽에 나타나는 눈에 보이지 않는 빛

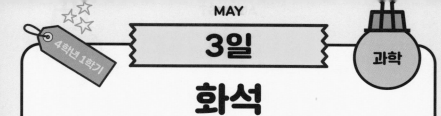

MAY

3일

과학

화석

化	石
될 화	돌 석

동식물의 유해와 활동 흔적 따위가 퇴적물 중에 매몰된 채로 또는 지상에 그대로 보존되어 남아 있는 것

화석은 식물이나 동물이 죽어서 썩지 않고 돌처럼 굳어진 거예요. 동물의 발자국 같은 흔적이 남아 있는 것도 화석이지요. 고성군은 세계 3대 공룡 발자국 화석지예요. 이 말은 먼 옛날 우리나라에 공룡이 살았다는 뜻이에요!

 예문

동물의 뼈, 조개껍데기, 식물의 줄기 등과 같이 단단한 부분이 있으면 화석이 만들어지기 쉽습니다.

확장
어휘

쥐라기
공룡과 같은 거대한 파충류가 살았던 지질시대

다른 뜻

화석
(비유적으로) 변화하거나 발전하지 않고
어떤 상태 그대로 굳어 버린 것

30일

어깨를 견주다

서로 비슷한 지위나 힘을 가지다

어깨를 당당하게 펴고 힘이 들어가면 자신감이 있어 보여요. 축 처진 어깨는 주눅 들어 보이죠. 어깨는 자신감을 드러내는 부위이기 때문에 지위나 힘을 상징하기도 해요. 서로의 어깨를 맞대어 보니 높낮이가 비슷하다는 것은 지위나 힘이 비슷하다는 의미예요.

 예문

국제 피아노 대회에서 우승한 성진이는
세계 유명 음악가들과 어깨를 견주게 되었어.

확장 어휘

어깨를 나란히 하다 나란히 서거나 나란히 걷다. 또는 서로 비슷한 지위나 힘을 가지다

견주다 차이가 있는지 알아보기 위해 서로 대어 보다

4일

사자
성어

박장대소

拍	掌	大	笑
칠 박	손바닥 장	큰 대	웃을 소

손뼉을 치며 크게 웃음

손뼉을 치며 크게 웃는 모습을 상상해 보세요. 매우 즐겁고 유쾌한 모습이
죠? 배꼽 빠질 만큼 재미있는 개그 프로그램을 볼 때, 친구의 웃긴 표정에
손뼉을 치며 박장대소하기도 해요. 오늘 박장대소할 일이 가득하길 바라요.

 예문

예성이의 엉뚱한 행동에 반 친구들은 박장대소했어.

확장
어휘

배꼽이 빠지다
몹시 우습다

29일

차분하다

마음이 가라앉아 조용하다

'차분함'은 행동이 들뜨지 않고 조용한 상태예요. 차분한 사람은 쉽게 화를 내거나 함부로 서두르지 않아요. 차분하면 실수를 줄일 수 있어요. 급하게 달리다가 책상에 걸려 넘어지는 일이 적어져요. 마음이 차분하면 생각이 맑아져서 어려운 문제도 이내 해결책이 떠올라요.

 예문

약 올리는 듯한 동생의 말에 나는 차분한 목소리로 말했다.
"그만해 줄래?"

| 비슷한 말 | **침착하다**
행동이 들뜨지 않고 차분하다 |
| 반대말 | **급하다**
마음이 참고 기다릴 수 없을 만큼 조바심을 내는 상태에 있다 |

MAY

5일

관용어

꽁무니를 빼다

슬그머니 사라지거나 달아난다

꽁무니는 사람이나 짐승의 몸에서 엉덩이가 있는 뒷부분을 말해요. 우리 몸 중에서 가장 무거운 엉덩이를 뺀다면 이미 달아나고 없는 상황일 거예요. 당당하지 못하고 슬그머니 사라지는 모습이니 좋은 의미보다 나쁜 의미로 더 많이 쓰이겠지요?

 예문

"남아서 청소해 줄 사람?" 하고 선생님께서 묻자,
반 친구들은 슬금슬금 꽁무니를 뺐다.

확장
어휘

빼도 박도 못하다
일이 몹시 난처하게 되어 그대로 할 수도 그만둘 수도 없다

28일

속담

새 발의 피
극히 적은 양

새의 발은 엄청 가느다랗고 작아요. 그래서 상처가 나도 피가 거의 나지 않아요. 아주 하찮은 일이나 적은 양을 '새 발의 피'에 빗대어 말해요. 엄청 많은 것과 극히 적은 것을 비교할 때 사용하는 말이에요.

 예문

내 용돈은 누나의 용돈에 비하면 새 발의 피다.
(엄마, 용돈 올려 주시면 안 될까요?)

 확장
어휘

조족지혈
새 발의 피를 뜻하는 사자성어

鳥	足	之	血
새 조	발 족	어조사 지	피 혈

6일

친근하다

親	近
친할 친	가까울 근

서로 친하여 사이가 가깝다

매일 만나는 우리 반 친구들은 서로 친해서 가까운 사이예요. 물론 첫 만남
에는 무척이나 어색했죠. 하지만 시간이 갈수록 점점 가까워지면서 '친근함'
을 느껴요. 친근함이 더 짙어지면 '친밀'해지고요. 친근한 사이에는 서로에
게 관심과 믿음을 가지고 있어요.

 예문

무섭게만 느껴지던 교장 선생님께서 어린이날 전날에 교문 앞에서
한 명씩 포근하게 안아 주시는 모습에 친근해졌어요.

비슷한 말   **허물없다** 매우 친하여 체면을 돌보거나 조심할 필요가 없다
친밀하다 지내는 사이가 매우 친하고 가깝다

27일

가치

봉사하다

奉	仕
받들 봉	섬길 사

자신보다 남을 위해 힘을 쓰다

아침 일찍 교실 창문을 열어 두는 것, 교실 바닥에 떨어진 쓰레기를 줍는 것, "도와줄 사람?"이라는 선생님의 요청에 "저요"라고 손을 드는 것이 '봉사'예요. 봉사는 대가를 바라지 않는 행동이에요. 주변을 둘러보세요. 나의 봉사가 필요한 곳이 있을 거예요.

 예문

봉사는 세상을 변화시키는 열쇠라더니, 우리 반이 정말 깨끗하게 변하더라고. 내가 쓰레기를 엄청 주웠거든.

비슷한 말

공헌하다 힘을 써 이바지하다
이바지하다 도움이 되게 하다

7일

사회

수도권

首	都	圈
머리 수	도읍 도	범위 권

서울과 가까운 생활권에 있는 지역

수도권은 우리나라 면적의 11% 정도예요. 하지만 전국 인구의 절반 정도가 수도권에 살고 있어요. 서울특별시와 인천광역시, 경기도 일부 지역이 해당해요. 수도권은 경제, 사회, 문화, 정치의 중심지 역할을 해요. 하지만 많은 사람들이 살다 보니 환경 오염, 교통 체증, 집값 상승 같은 문제가 심각하기도 해요.

 예문

많은 사람들이 일자리와 학교를 찾아 수도권 주변으로 더욱 몰려들고 있습니다.

확장
어휘

수도 한 나라의 중앙 정부가 있는 도시
● 우리나라의 수도는 서울이에요.

체증 1. 먹은 음식이 잘 소화되지 않는 것
2. 교통의 흐름이 순조롭지 않아 길이 막히는 상태

입을 모으다
여러 사람이 같은 의견을 말하다

모둠 친구들이 요리 실습에 무엇을 만들지 의견을 냈어요. 친구들 모두 달콤한 탕후루를 만들자고 했어요. 바로 '입을 모아' 말한 것이죠! 입을 모은 의견은 강력한 힘을 가져요.

 예문

우리 반 친구들은 담임 선생님께 체육을 하고 싶다고 입을 모아 말했다.

 확장 어휘

이구동성 입은 다르나 목소리는 같다는 뜻으로, 여러 사람의 말이 한결같다

異	口	同	聲
다를 이	입 구	같을 동	소리 성

8일

가치

화목하다

和	睦
화할 화	화목할 목

서로 뜻이 맞고 정답다

함께 저녁밥을 먹으며 도란도란 이야기 나누는 우리 가족, 누구 하나 따돌리지 않고 다 함께 노는 우리 반, 도움이 필요하면 서로 도와주고 좋은 일에 함께 기뻐하는 우리 이웃은 참 화목해요. '화목'은 서로 어울리고, 이해하며, 친절하게 대하는 태도예요. 화목한 우리 집을 위해 나는 무엇을 할 수 있을지 떠올려 보세요.

 예문

할아버지께서는 가정이 화목해야
모든 일이 술술 풀린다고 하셨어.

비슷한 말
정답다 따뜻한 정이 있다
단란하다 여럿이 함께 즐겁고 화목하다

25일

과학

유전

遺	傳
남길 유	전할 전

물려받아 내려옴. 또는 그렇게 전해짐

부모의 생김새나 성질에 관한 정보는 유전자에 들어 있어요. 유전자는 자식에게 전해져서 겉모습과 성격을 닮게 해요. 나는 부모님의 어떤 부분을 유전으로 물려받았나요? 나와 부모님을 자세히 관찰해 보면 알 수 있을 거예요.

 예문

머리카락에 담긴 유전 정보를 검사하여 잃어버린 아들을 찾은 사례가 있다.

 확장 어휘

타고나다 어떤 성품이나 능력, 운명 따위를 선천적으로 가지고 태어나다

선천적 태어날 때부터 지니고 있는 것

9일

국어

미심쩍다

未	審
아닐 미	살필 심

분명하지 못하여 마음이 놓이지 않는다

낯선 사람이 너무 친절하게 다가오면 그 이유가 미심쩍을 수 있어요. 이런 상황에서는 왜 그런지 잘 살펴보고 신중하게 행동하는 것이 중요해요. 미심쩍은 상황에서는 친절함도 정중하게 거절하고 그 자리에서 벗어나는 것이 좋아요.

 예문

마법의 물약이 환상적인 효과가 있다고 했지만,
소년은 미심쩍었다.

 비슷한 말

의심스럽다
확실하지 않아 믿기 어렵다

24일

사자
성어

역지사지

易	地	思	之
바꿀 역	처지 지	생각할 사	어조사 지

처지를 바꾸어서 생각하여 봄

아무리 친한 친구 사이라도 각자 다른 생각을 가지기 때문에 갈등이 생길 수 있어요. 그럴 때 상대방의 처지에서 한 번이라도 진지하게 생각해 본다면 해결의 실마리를 찾을 수 있을 거예요. "야, 비켜!"라고 친구에게 소리 지르기 전에 내 말에 친구는 어떤 기분일지 떠올려 보는 작은 배려가 '역지사지'예요.

 예문

역지사지로 생각해 보니 옷을 허물처럼 벗어 두지 말라고 잔소리를 한 엄마의 심정이 이해가 되더라.

확장
어휘

처지 처하여 있는 사정이나 형편
실마리 일이나 사건을 풀어 나갈 수 있는 첫머리

10일

사자성어

전화위복

轉	禍	爲	福
바꿀 전	재앙 화	될 위	복 복

재앙이 바뀌어 오히려 복이 되다

안 좋은 일인 줄 알았지만 뜻밖에 좋은 결과를 얻었을 때 쓰는 말이에요. 좋지 않은 일이 오히려 좋은 일로 바뀔 때가 있어요. 지금 상황이 좋지 않아도 너무 낙담하지 말아요. 전화위복의 기회일 수 있으니까요.

 예문

우산을 가방에서 뺀다는 걸 깜박하고 들고 다녔는데 소나기가 와서 전화위복이 되었어!

확장
어휘

새옹지마 좋은 일과 나쁜 일은 변하기 때문에 예측하기 어렵다
재앙 뜻하지 않게 생긴 불행한 변고. 또는 천재지변으로 인한
불행한 사고

23일

감정

안심하다

安	心
편안할 안	마음 심

모든 걱정을 떨치고 마음을 편히 가지다

시험이 끝났을 때, 낯선 곳에서 엄마를 만났을 때, 무서움에서 벗어났을 때, 걱정에서 벗어났을 때 안심이 돼요. 안심하면 어깨에 들어가 있던 힘이 풀리고 저절로 미소가 찾아와요. 휘몰아치는 긴장이 해소되면 마음의 평온이 찾아오지요. 그때의 마음이 안심이에요.

 예문

연락도 없이 놀다가 집에 돌아온 나를 보고
엄마는 그제야 안심하셨다.

비슷한 말

안도하다 어떤 일이 잘 진행되어 마음을 놓다
방심하다 마음을 다잡지 않고 풀어 놓아 버리다

11일

과학

무게
물건의 무거운 정도

지구가 물체를 끌어당기는 힘의 크기를 '무게'라고 해요. 'g 중' 'kg 중' 등을 사용해 나타내고, 읽을 때는 '그램중' '킬로그램중'이라고 읽어요. 일상생활에서는 g, kg으로 표현하기도 해요. 물체의 무게가 무거울수록 지구가 물체를 세게 끌어당겨요. 나는 지구가 약하게 끌어당기나요, 세게 끌어당기나요?

 예문

지구가 나를 세게 끌어당기나 봐. 최근 몸무게가 늘었거든.

다른 뜻

무게
마음으로 느끼는 기쁨이나 책임감 따위의 정도
[예: 슬픔의 무게, 책임감의 무게]

비슷한 말

중량
물건의 무거운 정도

=3

22일

관용어

쥐도 새도 모르게

아무도 알 수 없이 감쪽같이

새는 낮 동안 어디에나 있는 흔한 동물이에요. 반대로 쥐는 밤에 활발히 활동하는 동물이고요. 가장 흔한 동물인 쥐와 새 모두 모른다는 말은 아무도 모르게 감쪽같이 행동한다는 뜻이에요. 귀도 밝고 눈도 밝은 쥐와 새에게도 들키지 않을 정도라면 얼마나 감쪽같을까요?

 예문

가방에 넣어 둔 간식이 쥐도 새도 모르게 없어지다니, 속상해.

=3

확장
어휘

감쪽같다 전혀 알아챌 수 없을 정도로 티가 나지 않다
쥐 잡듯 꼼짝 못 하게 하여 놓고 잡는 모양
쥐 죽은 듯 매우 조용한 상태

12일

속담

개천에서 용 난다

어려운 환경에서 훌륭한 인물이 나온다

'개천'은 마을에 흐르는 강보다 작은 물줄기예요. 그런 곳에서 어마어마하게 크고 멋진 용이 솟아 하늘로 오르는 것은 매우 어렵고 드문 일이에요. 집안 형편이 어렵지만, 최선을 다해 훌륭한 인물이 된 사람에게 '개천에서 용 난다'라고 표현해요.

오늘의 생각

오늘은 우리 주변에 어려운 환경을 딛고 성공한 분을 찾아보세요.

확장
어휘

출중하다
여러 사람 가운데서
특별히 두드러지다

出	衆
날 출	무리 중

21일

속담

열 손가락 깨물어
안 아픈 손가락 없다

자식은 다 귀하고 소중하다

불이 난 산에서 엄마 까투리와 열 마리의 새끼가 도망치고 있었어요. 더는 불길을 피할 수 없게 되자 엄마 까투리는 한 마리의 새끼도 빠짐없이 품에 껴안았어요. 엄마 까투리는 불길을 피할 수 없었지만, 엄마 품 안의 새끼들은 털끝 하나 다치지 않고 살아남았어요. 부모님에게는 여러분 모두가 귀하고 소중해요.

오늘의 생각

오늘은 어제보다 더 많이 부모님께 사랑을 표현해 주세요.

확장 어휘

균등하다
고르고 가지런하여 차별이 없다

均	等
고를 균	같을 등

13일

4학년 1학기

예산

豫	算
미리 예	계산 산

필요한 비용을 미리 헤아려 계산함

어떻게 돈을 쓸지 미리 계획하는 일이 '예산'이에요. 국민은 주민 참여 예산 제를 통해 지역의 예산 결정 과정에 직접 참여하기도 해요. 예산은 여러분도 짤 수 있어요. 용돈을 어디에 얼마나 쓰고, 얼마를 모을지 계획을 세우는 것 도 '예산'이거든요. 용돈을 몽땅 다 쓰지 말고 예산을 세워 사용하세요. 부자 가 되는 첫걸음이니까요.

 예문

충남 논산시 주민들은 예산을 정해서 어려운 가정을 찾아가 집을 수리하여 주거 환경을 개선했습니다.

확장 어휘

주거 사는 곳이나 집
비용 물건을 사거나 어떤 일을 하는 데 드는 돈

20일

가치

열정적이다

熱	情
뜨거울 열	뜻 정

어떤 일을 열심히 하는 뜨거운 마음과 행동

장기자랑에서 선보일 우쿨렐레를 열심히 연습하는 것, 내가 좋아하는 아이돌 댄스를 뜨거운 마음으로 따라 추는 것이 '열정'이에요. 잘하지는 못해도 최선을 다하는 열정이 있으면 언젠가는 그 분야의 최고가 될 수 있어요. 단, 열정이 식으면 안 돼요!

 예문

아빠는 낚시에 열정적이시고, 엄마는 여행에 열정적이시다.
동생은 노는 것에 열정적이다. 나는 모든 것에 열정적이다.

비슷한 말
정열적이다
가슴속에서 맹렬하게 일어나는 적극적인 감정을 불태우다

반대말
미온적이다
태도가 미적지근하다

만질만질하다

만지거나 주무르기 좋게 연하고 보드랍다

엄마의 스카프, 햇빛에 잘 말린 이불, 갓 구운 식빵처럼 부드럽고 따뜻한 느낌이 나는 것들을 '만질만질하다'라고 표현할 수 있어요. 만질만질한 것들을 만지면 편안함을 느낄 수 있어요. 우리 주변에서 만질만질한 물건을 찾아볼까요?

 예문

그날따라 할머니의 손이 참 만질만질했다.

확장
어휘

말랑말랑하다 연하고 부드럽다
반질반질하다 거죽에 윤기가 흐르고 몹시 매끄럽다

19일

척하면 삼천리

三	千	里
석 삼	일천 천	마을 리

재빠르게 잘 알아차리다

한눈에 얼른 보아도 삼천리 안에서 일어난 일을 다 안다는 말이에요. 우리나라는 예로부터 나라 땅 길이가 삼천리라고 했어요. 서울에서 의주까지 천리, 서울에서 부산까지 천 리, 부산에서 제주까지 천 리, 이렇게 삼천리로 본 것이죠. 그래서 '삼천리' 하면 우리나라 방방곡곡을 뜻해요.

 예문

엄마의 간절한 눈빛에 아빠는 척하면 삼천리로 알아들으셨다.
(곧장 분리수거 하러 나가신 눈치 빠른 우리 아빠!)

확장
어휘

척 보면 안다 한눈에 얼른 보면 안다
척하면 착이다 약간의 암시(힌트)만 있으면 바로 이해하다

15일

날개 돋치다
빠른 속도로 팔려 나가다

어떤 물건에 날개가 돋쳐 높이 날아오르는 모습을 상상해 보세요. 물건이 잘
팔리는 것처럼 보일 거예요. 주로 물건이 빨리 팔릴 때 날개 돋친 듯 팔린다
고 표현해요.

 예문

**포켓몬 빵은 편의점에 들어오자마자
날개 돋친 듯 팔려 나갔다**

확장
어휘

날개를 펴다 생각, 감정, 기세 따위를 힘차게 펼치다
날개를 달다 능력이나 상황 따위가 더 좋아지다

과학

용액

溶	液
녹을 용	액체 액

두 가지 이상의 물질이 균일하게 혼합된 액체

두 가지 이상의 물질이 고루 섞인 액체예요. 꿀을 물에 타서 꿀물이 되면 용액이에요. 이때 물은 용매, 꿀은 용질이라고 해요. 설탕물, 소금물도 용액이겠지요? 나는 오늘 어떤 용액을 마셨는지 떠올려보세요.

 예문

황색 각설탕 용액은 색깔 차이로 용액의 진하기를 비교할 수 있습니다.

확장
어휘

용매 어떤 액체에 물질을 녹여서 용액을 만들 때 그 액체를 가리키는 말

용질 용액에 녹아 있는 물질

용해 고체의 물질이 열에 녹아서 액체 상태로 되는 일

16일

황홀하다

마음이 팔려 멍할 정도로 찬란하고 화려하다

눈이 부시어 어리둥절하고 흐릿할 만큼 화려한 상태가 황홀함이에요. 어떤 것에 마음이 팔려 정신이 어지러울 때도 황홀하다고 하지요. 아빠는 멋진 자연 경관에 황홀한 감정을 느낀대요. 엄마는 향긋한 커피 향기가 황홀하다고 해요. 나는 무엇에 황홀함을 느끼나요?

 예문

생각지도 못한 스승의 날 이벤트에 우리 반 선생님은
"이런 황홀한 기분은 처음이야!"라고 말씀하셨다.

비슷한 말

화려하다 환하게 빛나며 곱고 아름답다
눈부시다 빛이 아주 아름답고 황홀하다

17일

칠전팔기

七	顚	八	起
일곱 칠	넘어질 전	여덟 팔	일어날 기

여러 번 실패해도 굴하지 않고 꾸준히 노력함

일곱 번 넘어져도 여덟 번 일어선다는 것은 실패에 굴하지 않고 다시 일어서는 행동을 말해요. 여러 번 실패해도 포기하지 않고 노력하는 사람은 결국 성공할 수 있어요. 실패에 맞서고 도전하는 마음은 성공의 필수 조건이에요. '나는 (　　)번을 넘어져도 (　　)번 일어설 거예요'라고 다짐해 보세요.

 예문

**김연아는 칠전팔기의 정신으로 오뚜기처럼
빙판에서 다시 일어섰다.**

확장
어휘

도모하다 어떤 일을 이루기 위하여 대책과 방법을 세우다
덤벼들다 무엇을 이루어 보려고 적극적으로 뛰어들다
꾀하다 어떤 일을 이루려고 뜻을 두거나 힘을 쓰다

17일

절제하다

節	制
마디 절	누를 제

정도를 넘지 않도록 자신을 다스리다

더 보고 싶은 유튜브를 정해진 시간에 끄는 것, 아이스크림이 더 먹고 싶어도 배탈날까 봐 참는 것이 '절제'예요. 멈추어야 할 때 멈출 수 있는 태도에요. 그러기 위해서는 깊이 생각하고 신중하게 행동해야 해요. 여러분은 가장 절제하기 어려운 게 무엇인가요?

 예문

**다이어트를 결심했다. 고소한 치킨 냄새가 난다.
참아야 해. 식탐을 절제해야 해!**

비슷한 말	**조절하다** 균형이 맞게 바로잡다 또는 적당하게 맞추어 나가다
반대말	**무절제하다** 절제함이 없다

16일

감정

긴장하다

緊	張
팽팽할 긴	베풀 장

마음을 조이고 정신을 바짝 차리다

잘 모르는 문제를 칠판 앞에 서서 풀어야 할 때, 낯선 사람들 앞에서 자기소개를 해야 할 때 가슴이 콩닥거리고 몸이 편하지 않아요. 우리가 원하지 않는 일을 해야 할 때 생기는 감정이 '긴장'이지요. 그럴 때는 내 곁의 든든한 사람에게 "긴장돼"라고 솔직하게 말해요. 긴장이 가라앉는 첫 단계니까요.

 예문

내가 지금 있는 이곳은 세상에서 가장 긴장되는 곳이다. 바로 귀신의 집!

비슷한 말

굳다 표정이나 태도 따위가 부드럽지 못하고 딱딱해지다
경직되다 몸 따위가 굳어서 뻣뻣하게 되다

반대말

이완하다 바짝 조였던 정신이 풀려 늦추어지다

18일

떼어 놓은 당상

일이 확실하여 조금도 틀림이 없다

'당상'은 높은 벼슬을 일컫는 말이에요. 벼슬하는 사람이 머리에 두르는 장식품도 당상이라고 불렀어요. 당상은 아무나 달 수 있는 게 아니니 떼어 놓은 당상이라도 주인이 분명하지요. 그래서 '떼어 놓은 당상'은 일이 확실하여 틀림없다는 뜻으로 쓰여요.

오늘의 생각

'떼어 놓은 당상'이라고 확신이 서는 일이 있나요?

확장
어휘

확실시되다
틀림없이 그러할 것으로
보이다

確	實	視
굳을 확	열매 실	볼 시

15일

관용어

눈시울이 붉어지다

- 눈시울: 눈언저리의 속눈썹이 난 곳

감동하여 눈물이 핑 돌다

속눈썹이 난 주변을 눈시울이라고 해요. 자기도 모르게 눈물이 핑 돌 때 눈
주변이 발그레해져요. 바로 눈시울이 붉어지는 거죠. 잔잔한 감동을 받으면
눈물이 핑 돌면서 눈시울이 붉어져요.

 예문

AI가 되살린 안중근 의사의 목소리를 들으니 광복의 기쁨이 느껴져
눈시울이 붉어졌다.

 확장
어휘

눈시울을 적시다
눈물을 흘리며 울다

짓다·짖다

짓다 : 재료를 들여 만들다
짖다 : 크게 소리를 내다

두 낱말은 모두 소리는 같지만 의미가 달라요. '짓다'는 무언가를 만들 때 써요. 집을 짓고, 밥도 짓지요. 이름도, 약도, 시도 지어요. 심지어 웃음도 짓는답니다. '짖다'는 동물이 소리내는 것을 의미해요. 개가 짖고요, 까마귀도 짖어요.

✏️ **예문**

간식 달라고 멍멍 짖는 강아지에게 아빠는 웃음을 짓더니
커다란 뼈다귀 하나를 던져 주셨어요.

확장
어휘

맡다 책임을 지고 담당하다
맞다 답이 틀리지 아니하다

잊다 · 잃다

잊다 : 알던 것을 생각해 내지 못하다
잃다 : 가지고 있던 물건이 없어지다

물건과 관련이 있다면 '잃다', 기억과 관련 있다면 '잊다'로 기억하면 좋아요. 비밀번호를 메모해 둔 종이가 없어진 것은 '잃어버린' 것이지만, 비밀번호를 까먹었다면 '잊어버린' 거예요.

 예문

우산은 잃어버리고, 집 비밀번호도 잊어버렸어.

 비슷한 말

까먹다 어떤 사실이나 내용 따위를 잊어버리다
분실하다 자기도 모르는 사이에 물건을 잃어버리다

20일

박차를 가하다

拍	車
손뼉칠 박	수레 차

일이 빨리 이루어지도록 노력하다

박차는 말을 탈 때 신는 구두 뒤축에 다는 쇠로 말을 툭툭 차서 빨리 달리도록 하는 도구예요. 달리는 말을 더 빨리 달리도록 하는 것처럼 일이 빨리 진행되도록 노력하는 것을 뜻해요.

 예문

나는 발명의 날 기념 전국 발명 경진 대회를
며칠 앞두고 마지막 박차를 가했다.

확장 어휘	**진척하다** 일을 목적한 방향대로 진행하여 가다 **추진하다** 목표를 향하여 밀고 나아가다

13일

관용어

치가 떨리다

齒

이 치

몹시 분하거나 지긋지긋하여 화가 나다

치는 한자어로 이(이빨)를 뜻해요. 너무 분하고 억울하면 온몸에 힘이 들어가며 부들부들 떨려요. 너무 화가 나서 온몸이 떨리다 못해 이마저 흔들릴 정도라는 표현이지요. 몹시 분하고 진저리를 칠 만한 일이라면 치만 떨지 말고 내 감정을 솔직하게 말하도록 해요.

 예문

진우의 약 올리는 말에 치가 떨렸지만 참았다.
(나는 너그러우니까!)

확장
어휘

진저리를 치다 몹시 싫증이 나거나 귀찮아 떨쳐지는 몸짓

● 진저리는 차가운 것이 몸에 닿거나 무서움을 느낄 때 으스스 떨리는 몸짓을 말해요. 싫증이 나거나 귀찮아서 떨쳐지는 몸짓도 진저리지요.

4학년 2학기

21일

과학

적응

適	應
맞을 적	응할 응

일정한 조건이나 환경 따위에 맞추어 응하거나 알맞게 됨

생물은 오랜 기간에 걸쳐 사는 곳의 환경에 알맞은 생김새와 생활 방식을 갖게 되는데, 이를 적응이라고 해요. 주로 밤에 활동하는 부엉이는 빛이 적은 곳에서 잘 볼 수 있도록 눈이 크게 발달되어 있어요. 땅속에 사는 두더지는 시력이 나쁜 대신, 귀가 발달되어 있고 냄새를 잘 맡아요.

 예문

사막에 사는 바오바브나무와 선인장이 줄기에 물을 저장하는 것은 사막 환경에 적응한 예입니다.

확장
어휘

진화 1. 일이나 사물 따위가 점점 발달하여 감
2. 생물이 생명의 기원 이후부터 점진적으로 변해 가는 현상

순응 환경에 잘 맞추어 부드럽게 따름

4학년 2학기

케이 팝

K-POP

대한민국의 대중가요

Korea(한국)와 Popular music(대중 음악)을 합해서 K-POP(케이 팝)이라고 해요. 우리나라 노래가 전 세계적으로 인기를 끌면서 케이 팝뿐만 아니라 케이 드라마(K-Drama), 케이 푸드(K-Food) 등도 덩달아 인기를 끌고 있어요. 전 세계가 케이 컬처(K-Culture)에 푹 빠져 있죠.

 예문

세계적인 케이 팝 가수 BTS는 대취타를 노래에 넣어
한국의 전통 음악을 전 세계에 알렸습니다.

● 대취타: 조선 시대에 공식적인 행차에 사용하던 행진 음악

확장
어휘

한류 한국풍 유행

● 한국 드라마가 중국으로 진출하여 큰 인기를 끈 것을 시작으로 전 세계에 한류 바람이 계속되고 있어요.

22일

단념하다

斷	念
끊을 단	생각 념

품었던 생각을 끊어 버리다

잘 해낼 자신이 없을 때, 실패할 것 같을 때, 너무 피곤하고 힘겨울 때 해야 할 일을 포기하는 마음이 '단념'이에요. 몇 번이고 도미노를 쌓아 보아도 자꾸 무너지면 힘이 빠지고 다시 도전하고 싶지 않을 수 있어요. 단념하고 싶어도 한 번 더 도전해 보세요.

 예문

바람과 함께 옥상으로 날아가 버린 셔틀콕을 단념할까, 말까?

비슷한 말	**포기하다** 하려던 일을 도중에 그만두어 버리다
	체념하다 희망을 버리고 아주 단념하다
	그만두다 하던 일을 그치고 안 하다

11일

웃는 얼굴에
침 못 뱉는다

좋게 대하는 사람에게 나쁘게 대할 수 없다

사람의 뇌 속에는 '거울 뉴런'이라는 신경세포가 있어요. 친구가 웃으면 나도 모르게 기분이 좋아지고 따라 미소짓게 되는 것은 '거울 뉴런'이 잘 작동했기 때문이에요. 내가 웃고 있으면 상대방도 저절로 행복해지는 마법이지요.

오늘의 생각

오늘 내가 한 친절한 행동은 무엇인가요?

확장
어휘

싱글벙글하다 눈과 입을 슬며시 움직이며 소리 없이 정답고 환하
게 웃다

방실거리다 입을 예쁘게 살짝 벌리고 소리 없이 밝고 보드랍게
자꾸 웃다

23일

너그럽다
마음이 넓고 깊다

나의 실수도 따뜻하게 감싸 주는 엄마의 마음, 심심하다는 동생에게 "형이 랑 같이 놀자"라며 동생을 헤아리는 마음이 너그러움이에요. 오늘은 너그러 운 생각과 행동으로 따뜻한 관계를 만들어 가 보세요.

 예문

할머니의 너그러운 **품에 안기니 금세 마음이 녹았다.**

비슷한 말	**어질다** 마음이 너그럽고 착하며 슬기롭고 덕이 높다.
반대말	**치사하다** 행동이나 말 따위가 쩨쩨하고 남부끄럽다

10일

가치

공감하다

共	感
함께 공	느낄 감

남의 의견이나 감정에 나도 그렇게 느끼다

친구의 이야기에 "나도 속상했을 것 같아" 하고 맞장구치는 것, 슬픈 영화를 보면 나도 모르게 눈물이 흐르는 것은 공감이 되어서예요. 하지만 모든 사람의 아픔을 내 아픔인 양 받아들여서는 안 돼요. 다른 사람의 마음을 어루만지면서 내 마음도 보살피는 것이 건강한 공감이에요.

 예문

울고 있는 친구의 어깨를 조용히 감싸 안아줬다.
소리 없는 공감이 큰 힘이 될 때도 있으니까.

비슷한 말

이해하다 남의 사정을 잘 헤아려 너그러이 받아들이다
동감하다 어떤 견해나 의견에 같은 생각을 가지다

2학년 1학기

갈무리

물건 따위를 잘 정리하거나 보관함

일을 끝내고 정리하거나, 물건을 정돈할 때 쓰는 순우리말이에요. 공부를 끝내고 책상 위의 물건을 정돈하는 것도 '갈무리'라고 할 수 있어요. 갈무리는 단순히 물건을 정리하는 것뿐만 아니라, 생각과 마음을 정리할 때도 도움이 돼요. 오늘 있었던 일을 돌아보며 하루를 갈무리해 보세요.

 예문

일주일간 열심히 한 수행평가 보고서를
갈무리해야겠다.

확장
어휘

처리하다 문제가 없도록 마무리를 짓다
끝맺음 어떤 일이나 끝을 마무리하는 일

9일

파김치가 되다
몹시 지쳐 기운이 없게 되다

밭에서 갓 뽑은 파는 곧게 서 있어요. 하지만 그 파로 김치를 담그면 축 늘어져 흐물흐물해져요. 고된 일을 했을 때도 파김치가 되지만 너무 오랜 시간 신나게 놀아도 파김치가 될 수 있어요. 충분히 쉬면 축 처졌던 기운이 되살아날 거예요. (사람은 파가 아니니까요.)

 예문

하루 종일 물총 놀이를 한 우리는 파김치가 되어
집으로 돌아갔다. (물총 놀이는 재미있었지만 고된 일이었어!)

확장
어휘

녹초가 되다 맥이 풀어져 힘을 못 쓰는 상태가 되다

● 초가 녹아 흐물거리는 상태처럼 축 처진 모습을 보고 '녹초가 되다'라고 해요.

25일

사회

유물

遺	物
남길 유	물건 물

옛날 사람이 남긴 물건

옛날 사람이 쓰던 물건을 '유물'이라고 해요. 특히 도자기, 옷, 장신구와 같이 부피가 작아 옮길 수 있는 물건을 말하지요. 옛날 사람의 무덤에서 발굴된 유물은 많은 사람들이 관람할 수 있도록 박물관에 전시하고 있어요.

 예문

경주의 아파트 건설 현장에서 유물이 발견되어
공사가 중단되는 일이 있었습니다.

확장
어휘

유적 형태가 크며 위치를 변경시킬 수 없는 궁궐, 무덤, 성터와 같은 옛사람이 남긴 발자취

발굴 땅속이나 흙더미에 묻혀 있는 것을 찾아서 파냄

8일

사랑하다

어떤 사람이나 존재를
몹시 아끼고 귀중히 여기다

사랑은 행복을 안겨 주기도, 때론 깊은 슬픔을 안겨 주기도 해요. 사랑하는 엄마 아빠와 작고 여린 동생을 지켜 주고 싶은 마음이 사랑이에요. 편찮으신 할머니를 보고 마음이 너무 아파 눈물이 나는 것도 사랑이에요. 사랑은 여러 감정 중에 가장 강한 감정이에요.

 예문

엄마가 나를 사랑하는 것에는 이유가 없다고 했다.
그게 진짜 사랑이라고 했다.

비슷한 말

아끼다
소중하게 여겨 보살피거나 위하는 마음을 가지다

반대말

혐오하다
미워하고 꺼리다

26일

가치

정돈하다

整	頓
가지런할 정	가지런할 돈

어지럽혀진 물건을 가지런히 놓다

읽은 책을 식탁 위에 올려 두지 않고 제자리에 꽂아 두는 것, 벗어 둔 신발을 가지런히 모아 두는 것, 가방 속 쓰레기는 버리고 깔끔히 청소하는 것이 '정돈'이에요. 어지럽혀진 곳을 찾아 가지런히 정돈해 보세요. 기분도 절로 정돈될 거예요.

 예문

창문으로 불어온 바람에 정돈해 두었던 색종이가 흐트러졌다

비슷한 말
정리하다
흐트러진 것을 한데 모으거나 치워서 질서 있는 상태가 되게 하다

반대말
어지르다
정돈되어 있는 일이나 물건을 뒤섞거나 뒤얽히게 하다

7일

과학

반사

反	射
되돌릴 반	쏠 사

소리나 빛이 다른 물질에 부딪혀 되돌아오는 것

사람이 물체를 볼 수 있는 건 물체가 빛을 반사해서예요. 공기 중에서 나아가던 빛은 거울과 같은 물체를 만나면 반사해요. 거울은 빛의 반사를 이용해 물체의 모습을 비추는 도구지요. 우리는 자신의 모습을 보거나 주변의 모습을 편리하게 보기 위해 거울을 사용해요. 오늘도 거울에 반사된 내 모습을 보았나요?

 예문

거울의 반사하는 성질을 이용하여 건축물이나
예술 작품을 만들기도 합니다.

비슷한 말	**되비침** 빛이나 전파 따위가 어떤 물체의 표면에 부딪쳐서 되돌아가는 현상
확장 어휘	**메아리** 울려 퍼져 가던 소리가 산이나 절벽 같은 데에 반사되어 되울려 오는 소리

27일

천 리 길도 한 걸음부터

무슨 일이든 시작이 중요하다

'천 리'는 서울에서 부산까지의 거리로 매우 멀어요. 먼 길을 떠나는 것처럼 대단한 일에도 언제나 시작이 있어요. 스스로 무언가에 도전해 본 적 있나요? 혼자가 힘들고 어려울 것 같아도 천 리 길도 한 걸음부터라는 것을 기억하세요. 시작은 서툴지만, 곧 능숙해질 거예요.

오늘의 생각

오늘부터 조금씩 나 혼자 할 수 있는 일을 늘려가 보세요.

확장
어휘

첫발 어떤 것을 시작하는 맨 처음 (=첫발자국)
첫걸음 어떤 일의 시작

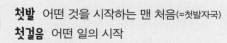

6일

사자
성어

백발백중

百	發	百	中
일백 백	쏠 발	일백 백	가운데 중

총이나 활 따위를 쏠 때마다 겨눈 곳에 다 맞음

'백번 쏘면 백 번 맞힌다'는 뜻으로, 무슨 일이든지 틀림없이 잘 들어맞을 때, 정답률이 높을 때 '백발백중'이라고 해요. 백발백중은 우연이 아니라 노력에 의해서예요. 백번 쐈을 때 백번을 맞히려면 얼마나 큰 노력이 필요할까요? 결과보다 노력의 과정에 집중하는 하루가 되세요.

 예문

평소에 역사책을 열심히 읽었더니, 역사 퀴즈에
백발백중이었어.

확장
어휘

명중하다 화살이나 총알 따위가 겨냥한 곳에 바로 맞다
적중하다 화살 따위가 목표물에 맞다
예상이나 추측 또는 목표 따위에 꼭 들어맞다

28일

**사자
성어**

결초보은

結	草	報	恩
맺을 결	풀 초	갚을 보	은혜 은

죽은 뒤에라도 은혜를 잊지 않고 갚음

한 노인에게 딸이 있었어요. 그 노인은 딸에게 큰 도움을 준 은인의 목숨이 위험해지자 죽어서도 혼령이 되어 나타났어요. 혼령은 밤새 풀을 묶었어요. 딸의 은인을 죽이러 온 자들이 말을 타고 달려오다가 혼령이 묶어 놓은 풀에 발이 걸려 하나둘 넘어졌어요. 덕분에 그는 목숨을 구할 수 있었지요. 죽어서도 은혜를 잊지 않은 노인의 이야기에서 나온 사자성어예요.

 예문

지난번에 준비물을 빌려준 예설이에게 결초보은하려고
오늘은 내가 준비물을 빌려줬어.

**확장
어휘**

보답하다 남의 호의나 은혜를 갚다
은인 자신에게 은혜를 베푼 사람
혼령 죽은 사람의 넋 (=영혼)

5일

가치

친절하다

親	切
친할 친	몹시 절

대하는 태도가 정겹고 다정하다

친구가 무거운 짐을 들고 있을 때 "들어 줄까?" 하고 물어보는 것, 길을 묻는 사람에게 다정하게 알려 주는 것, 지우개가 없는 친구에게 "이거 써"라고 먼저 말해 주는 것이 '친절'이에요. 대가를 바라는 친절은 가짜 친절이에요. 조건이 없는 '무조건 친절'을 실천하는 하루가 되세요.

 예문

작은 친절에 큰 칭찬을 해 주시니 몸 둘 바를 모르겠어요.

비슷한 말	**자상하다** 인정이 넘치고 정성이 지극하다
반대말	**불친절하다** 친절하지 않다

29일

과학

증발

蒸	發
찔 증	필 발

어떤 물질이 액체 상태에서 기체 상태로 변하는 현상

젖은 빨래가 마르는 것, 비 온 뒤 땅이 마르는 것, 감과 같은 음식 재료를 말리는 것은 모두 물이 수증기로 변해 공기 중으로 날아갔기 때문이에요. 이처럼 액체인 물이 표면에서 기체인 수증기로 상태가 변하는 현상을 증발이라고 해요.

 예문

식물의 뿌리로 흡수된 물이 잎에서 수증기가 되어
공기 중으로 증발하기도 합니다.

확장
어휘

기체 공기, 산소와 같이 일정한 모양과 부피가 없이 흘러 움직이는 물질

고체 나무나 돌과 같이 일정한 모양과 부피가 있으며 쉽게 변형되지 않는 물질의 상태

4일

관용어

줄행랑을 치다

피하여 달아나다

옛날 부잣집은 집주인이 사는 방 외에 손님을 대접하는 사랑채와 하인들이 사는 행랑채가 있었어요. 행랑은 주로 대문 옆에 좌우로 길게 이어져 있었어요. 이를 '줄행랑'이라고 해요. 엄청난 부잣집이었겠죠? 하지만 형편이 어려워져 줄행랑 있는 집을 버리고 급히 도망치는 사람도 있었어요. 도망치는 모습을 '줄행랑을 치다'라고 표현했어요.

예문

등 뒤로 스며드는 검은 그림자에 놀라나는 줄행랑을 쳤다.
(알고 보니 내 그림자였다.)

확장
어휘

삼십육계 줄행랑을 놓다 매우 급하게 도망을 치다
야반도주 남의 눈을 피하여 한밤중에 도망함

30일

감정

허탈하다

虛	脫
빌 허	빠질 탈

몸에 기운이 빠지고 정신이 멍하다

장시간 차를 타고 도착한 놀이동산 입구에 '금일 휴무'라고 적혀 있을 때, 갑자기 비가 와서 현장 체험 학습이 취소되었을 때 느껴지는 감정이 '허탈함'이에요. 바라던 것을 이루지 못하면 열정이 사라지고 기운이 빠지기도 해요. 허탈감에 머무르지 말고 다른 즐거움을 빨리 찾는 사람이 되세요.

 예문

1등으로 달리다가 넘어져서 꼴등으로 들어오다니, 정말 허탈해.

비슷한 말
허망하다 어이없고 허무하다
공허하다 아무것도 없이 텅 비다

반대말
충만하다 한껏 차서 가득하다

3일

감정

진솔하다

眞	率
참될 진	거느릴 솔

진실하고 솔직하다

있는 모습 그대로 솔직하게 보여 주고 거짓 없이 말하는 것이 '진솔'이에요. 남을 속이지 않는 것이죠. 진솔함은 다른 사람과 단단한 관계를 맺게 해 줘요. 하지만 나의 진솔함이 다른 사람에게 상처를 줄 때도 있어요. 상대의 기분을 고려하며 진솔하게 말하는 지혜도 필요해요.

 예문

단짝 나현이와 진솔한 **대화를 나눴더니 더욱 가까워진 기분이 들었다.**

비슷한 말	**솔직하다** 거짓이나 숨김이 없이 바르고 곧다
반대말	**속이다** 거짓이나 꾀에 넘어가게 하다

MAY

2학년 1학기

31일

국어

해거름

해가 서쪽으로 넘어갈 무렵

해가 지는 아름다운 순간을 표현하는 순우리말이에요. 특히 '거름'은 걸음에서 유래한 말로 움직임을 의미해요. 즉, 해가 움직여 서쪽으로 넘어가는 모습을 뜻하는 거죠. 오늘은 해거름에 산책하러 나가거나, 하늘을 바라보며 여유를 느끼는 시간을 가져 보세요.

 예문

"밖에서 놀더라도 해거름 안에는 집에 와야 해."

비슷한 말

석양
저녁때의 햇빛

夕	陽
저녁 석	볕 양

해 질 녘
해가 지기 시작하는 때

2일

가치

존중하다

尊	重
높을 존	무거울 중

다른 사람을 높고 귀하게 여기는 태도가 있다

나와 생김새가 다른 친구를 있는 그대로 바라보는 것, 무조건 명령하지 않는 것, 다른 사람의 생각을 물어봐 주는 것, 친구를 웃음거리로 만들지 않는 것이 '존중'이에요. 다른 사람을 존중할 수 있어야 나도 존중받을 수 있어요. 가장 가까운 사람부터 존중하는 하루가 되세요.

 예문

친구가 내 취향과 전혀 다른 아이돌을 좋아해도 비난하지 않아.
난 친구의 취향을 존중하니까!

 비슷한 말

받들다
공경하여 모시거나 소중히 대하다

반대말

업신여기다
교만한 마음에서 남을 낮추어 보거나 하찮게 여기다

6월

우공이산, 꾸준함은 산도 옮긴대요.
끝까지 밀고 나가세요.
반드시 성공할 거예요!

1일

물 만난 고기

제때를 만나 능력을 발휘하기 좋은 상황

잡은 물고기를 물에 풀어 주면 재빠르고 자유롭게 다시 헤엄을 쳐요. 사람도 다시 풀려난 물고기처럼 어려운 상황에서 벗어나 자기 때를 만나게 되면 제 능력을 발휘할 수 있어요. 화가가 미술 도구를 손에 쥐었을 때, 가수가 마이크를 손에 쥐었을 때 물 만난 고기가 돼요.

 예문

워터파크에 도착한 우리 가족, 물 만난 고기가 따로 없었다.

확장 어휘

고기가 물을 만난 격
어떤 사람이 어떤 일이 잘될 계기를 맞은 경우

JUNE

5학년 1학기

1일

과학

농도

| 濃 | 度 |
| 질을 농 | 정도 도 |

용액의 진하고 묽은 정도

농도는 용액 속에 녹아 있는 물질의 진한 정도를 말해요. 설탕이 많이 녹아 있으면 농도가 진하고, 조금 녹아 있으면 농도가 연해요. 농도가 진한 설탕물일수록 맛이 더 달아요. 사해라는 바다는 소금의 농도가 다른 바다에 비해 여섯 배나 높아서 엄청 짜다고 해요.

 예문

우리나라의 미세먼지 농도는 봄과 겨울에 비교적 높게 나타납니다.

확장 지식

콜라 한 캔은 설탕이 27g(각설탕 7개)이나 녹아 있는 엄청 진한 농도의 용액이에요. 어린이의 하루 설탕 섭취량은 25g인데 콜라 한 캔만 마셔도 이미 하루 섭취량을 넘기는 거죠!

일곱 번 넘어져도 여덟 번 일어서는
칠전팔기 정신을 가져 보세요.
오뚜기처럼요!

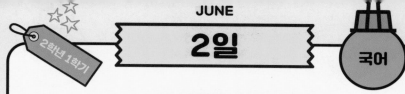

화창하다

和	暢
온화할 화	화창할 창

날씨나 바람이 온화하고 맑다

맑고 햇살이 따뜻한 봄날을 떠올려 보세요. 바로 '화창한 날'이에요. 화창한 날씨에는 밖에 나가서 산책하거나, 친구들과 공원에서 놀며 시간을 보내면 참 행복해요. 화창한 날씨를 즐기며 소중한 사람들과 행복한 시간을 보내 보세요.

 예문

화창하게 맑은 날, 우리 가족은 공원에서 한껏 여유를 부렸다.

반대말

궂다 비나 눈이 내려 날씨가 나쁘다
우중충하다 날씨나 분위기가 어둡고 침침하다

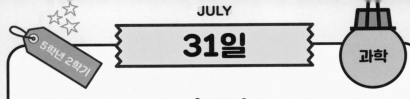

31일

과학

속력

速	力
빠를 속	힘 력

물체의 빠르기

1초에 몇 m를 움직였는가는 초속으로, 한 시간에 몇 km를 움직였는지는 시속으로 나타내요. 빛은 1초에 약 30만 km의 거리를 움직여서 속력이 가장 빨라요. '빛의 속도로 달린다' '번개처럼 빠르다'라는 표현이 나온 이유지요.
(속력) = (이동 거리) ÷ (걸린 시간)

 예문

80km/h는 1시간 동안 80km를 이동한 물체의 속력을 나타내며
'팔십 킬로미터 퍼 아워' 또는 '시속 팔십 킬로미터'라고 읽습니다.

확장
어휘

속도 물체가 나아가거나 일이 진행되는 빠르기
유속 물이 흐르는 속도
풍속 바람의 속도
광속 빛의 속도

JUNE

3일

간에 기별도 안 가다

奇	別
기이할 기	다를 별

너무 조금 먹어서 먹은 것 같지도 않다

조선 시대에 나라에서 기이하고 특별한 소식을 전하던 종이를 '기별지'라고 불렀어요. 그래서 기별이 '소식을 전하다'라는 뜻으로 쓰이게 되었죠. 우리가 먹은 음식의 영양소는 간에 모여요. 그런데 너무 적게 먹으면 간에 음식을 먹었다는 소식을 보내지도 못할 거예요. '간에 기별도 안 가다'라는 말은 너무 적게 먹었다는 의미예요.

 예문

이번에 새로 생긴 음식점에 갔는데 양이 너무 적어서
간에 기별도 안 가더라.

확장
어휘
누구 코에 붙이겠는가 / 누구 입에 붙이겠는가
여러 사람에게 나누어 주어야 할 물건이 너무 적다

30일

감정

홀가분하다

걱정이 해결되어 상쾌하고 가뿐하다

치과에 가는 게 무서워서 이가 아파도 꾹 참았어요. 너무 아파서 결국 치과에 가서 앓던 이를 뽑았어요. 걱정거리가 사라지니 어찌나 상쾌하고 가뿐하던지요. '홀가분하다'란 바로 이런 기분이에요. 걱정이나 근심이 있으면 홀홀 털어 보세요. 곧 홀가분할 거예요.

 예문

**걱정 인형에게 내 고민을 털어놓고 나니
한결 홀가분해졌어.**

비슷한 말

후련하다 답답하거나 갑갑하여 언짢던 것이 풀려 마음이 시원하다
시원하다 막힌 데가 없이 활짝 트이어 마음이 후련하다

4일

사자성어

겸양지덕

謙	讓	之	德
겸손할 겸	사양할 양	어조사 지	덕 덕

겸손한 태도로 남에게 양보하거나 사양하는 아름다운 마음씨나 행동

자신의 능력을 드러내기보다 다른 사람을 존중하는 것, 나의 이익보다 다른 사람을 배려하는 것이 사람이 지녀야 할 '덕'이라는 말이에요. 내가 낮아지고 양보할 때 내 가치는 더 빛나는 법이에요. 오늘은 가장 가까운 사람에게 겸양지덕을 발휘해 보세요.

 예문

은재는 겸양지덕이 뛰어난 반장으로 반 친구들의 신뢰를 얻었다.

확장 어휘

사양하다 겸손하여 받지 않거나 응하지 않다 또는 남에게 양보하다

덕 공정하고 남을 넓게 이해하고 받아들이는 마음이나 행동

29일

가치

용서하다

容	恕
받아들일 용	용서할 서

잘못에 대해 화내지 않고 덮어 주는 마음이 있다

친구가 실수로 내 연필을 부러뜨려도 "괜찮아"라고 말하는 것, 말없이 내 물건을 쓴 동생에게 "괜찮아, 다음에는 미리 말해 줘"라고 화내지 않는 것이 '용서'예요. 용서는 넓고 깊은 사랑의 마음이에요. 증오는 오랜 시간 해야 하지만 용서는 한 번만 하면 돼요.

 예문

너무 얄밉던 그 친구를 용서하고 나니 마음이 홀가분해졌어.

비슷한 말

관대하다
마음이 너그럽고 크다

반대말

옹졸하다
성품이 너그럽지 못하고 생각이 좁다

5일

감정

과시하다

誇	示
자랑할 과	보일 시

자랑하여 보이다

나를 꽤 괜찮은 사람으로 여기는 것은 나에 대한 좋은 감정이에요. 바로 '자랑스러움'이지요. 하지만 자랑이 심해져서 나의 잘난 점을 돋보이도록 드러내면 '과시'가 돼요. 그러면 잘난 체 하게 되고, 남을 무시하는 예의 없는 행동으로 이어질 수 있어요. '과시'보다 '겸손'을 마음에 새기도록 해요.

 예문

우리 반에서 덩치가 제일 큰 태산이는 무거운
종이 상자를 한 손으로 들며 힘을 과시했다.

비슷한 말

자랑하다 남에게 칭찬을 받을 만한 것임을 드러내어 말하다
자만하다 자신과 관련 있는 것을 스스로 자랑하며 뽐내다
떠벌리다 이야기를 과장하여 늘어놓다

28일

명불허전

名	不	虛	傳
이름 명	아닐 불	빌 허	전할 전

이름이 널리 알려진 데에는 그럴 만한 이유가 있다

중국의 맹상군이라는 사람은 언제나 사람들을 잘 대해 줘서 그의 주변으로 인재가 많이 모여들었대요. 그래서 그가 사는 마을에 사람이 늘어 집이 6만여 채나 되었대요. 이것을 역사책에 '그 이름이 헛된 것이 아니었다'라고 기록했는데, 그때 쓴 표현이 '명불허전'이에요.

예문

그 집 자장면이 유명하다더니, 역시 명불허전이더라.

확장
어휘

이름값을 하다 명성이 높은 만큼 그에 걸맞게 행동하다
명성 세상에 널리 퍼져 평판 높은 이름

6일

가치

헌신하다

獻	身
바칠 헌	몸 신

몸과 마음을 바쳐 있는 힘을 다하다

애국지사들이 나라를 위해 몸과 마음을 바친 것, 부모님이 우리 가족을 위해 애쓰시는 것, 반장이 된 친구가 우리 반을 위해 봉사하는 것이 '헌신'이에요. 나는 누구를 위해 헌신해 보았나요? 오늘은 무언가에 헌신해 보세요. 사람도 좋고, 어떤 일에도 좋아요.

 예문

현충일을 맞아 나라를 지킨 순국선열의 숭고한 헌신을 가슴에 새기겠습니다.

확장어휘	**애국지사** 나라를 위하여 몸과 마음을 다 바쳐 이바지하는 사람
	순국선열 나라를 위하여 목숨을 바쳐 싸운 사람

27일

속담

밴댕이 소갈딱지

매우 속이 좁은 사람

'밴댕이'는 크기가 한 뼘도 채 되지 않는 작은 생선이에요. '소갈딱지'는 마음이나 생각을 낮잡아 이르는 말이에요. 매우 작은 밴댕이는 내장도 작을 뿐만 아니라 잡히자마자 파르르 떨며 죽어 버려요. 밴댕이가 자기 성질에 못 이겨 죽어 버리는 것처럼 속이 좁고 옹졸한 사람을 보고 밴댕이 소갈딱지라고 해요.

오늘의 생각

오늘은 넓고 깊은 바다의 마음으로
가족과 친구들을 대해 보세요.

확장 어휘	**아량** 너그럽고 속이 깊은 마음씨

雅	量
너그러울 아	헤아릴 량

JUNE

7일

국어

2학년 1학기

응달

볕이 잘 들지 않는 그늘진 곳

여름날 더위를 피하려고 나무 아래나 건물의 그늘진 곳에 앉아 본 적 있나요? 그런 곳이 바로 '응달'이에요. '응달'은 더운 날씨에 시원함을 주고, 뜨거운 햇빛을 피할 수 있는 좋은 장소예요. 반면에 햇빛이 잘 드는 곳을 '양달'이라고 해요. 양달은 햇빛이 직접 닿아 식물들이 자라기 좋은 장소예요.

 예문

아기 곰은 피곤한 몸을 이끌고,
구석진 응달로 찾아가 누웠어요.

확장
어휘

음지 볕이 잘 들지 않는 그늘진 곳 (반대말: 양지)
응달에도 햇빛 드는 날이 있다 힘든 일도 노력하면 이겨낼 수 있다

26일

허리가 휘다

감당하기 어려운 일을 하느라 매우 힘들다

어깨나 등에 많은 짐을 짊어지면 허리가 절로 휘어요. 감당하기 힘든 일이 많을 때 '허리가 휜다'라고 말해요. 직장에서 일하시느라, 집안일 하시느라, 나를 돌보시느라 엄마 아빠의 허리가 휘진 않으셨는지 살펴보세요. (실제로 휘면 큰일나요!)

 예문

미뤘던 숙제를 한꺼번에 하려니
허리가 휘겠네.

확장
어휘

허리가 부러지다 허리가 휘다 못해 부러진다는 것은 어떤 일이 감당하기 어려워짐을 뜻해요

허리를 굽히다 남에게 겸손한 태도를 취하다

8일

사회

물가

物	價
물건 물	값 가

시장에서 팔리는 물건의 값

사려는 사람은 많은데 물건이 부족하면 물가가 올라요. 반대로 파는 물건은 많은데 사려는 사람이 적으면 물건 값이 내려요. 나라의 경제 형편에 따라 물가가 오르기도, 내리기도 해요. 물가가 올랐다는 것은 어떤 한 물건의 값만 오른 게 아니라 대부분의 물건값이 올랐다는 의미예요.

 예문

코로나 시기에 마스크 물가가 엄청나게 올랐었잖아.

확장
어휘

시세 현재의 물건 값

매점매석 물건을 많이 몰아서 사 두고 팔지 않는 것

● 물건값을 올려 다시 팔아 이익을 얻으려는 나쁜 행동이에요.

25일

보살피다

정성을 기울여 보호하며 돕다

엄마가 편찮으실 때 열이 나는지 안 나는지 내가 수시로 살펴보는 것, 이불을 차낸 동생에게 다시 이불을 덮어 주는 것, 친구가 다쳤을 때 보건실에 데려다 주는 것, 아파트 화단에 버려진 새끼 고양이에게 먹을 것을 가져다주는 것이 '보살핌'이에요. 보살핌은 정성된 마음이자 책임감 있는 행동이에요.

 예문

방울토마토가 쑥쑥 자라도록 지지대를 받쳐 주며 보살폈더니
앙증맞은 방울토마토가 주렁주렁 열렸어.

 비슷한 말

뒷바라지하다 뒤에서 보살피며 도와주다
시중들다 옆에서 직접 보살피거나 심부름을 하다

9일

가치

탁월하다

卓	越
높을 탁	넘을 월

뛰어나게 잘하게 되다

젓가락 행진곡만 겨우 치던 내가 매일 연습했더니 양손으로 피아노를 칠 수 있게 되는 것, 한 줄도 쓰기 어렵던 일기를 한 바닥은 거뜬히 쓰게 되는 것이 '탁월함'이에요. 탁월함은 최선을 다했을 때 얻어져요. 여러분은 무엇에 탁월해지고 있나요?

 예문

공부도 잘하는데, 탁월한 리더십까지 겸비한 사람, 바로 나!

비슷한 말

특별하다
남보다 월등히 훌륭하거나 앞서 있다

반대말

열등하다
보통의 수준이나 등급보다 낮다

24일

감정

희열

喜	悅
기쁠 희	기쁠 열

기쁨과 즐거움

너무나도 갖고 싶던 장난감을 가지게 되었을 때, 큰 대회에서 큰 상을 받았을 때, 내 힘으로 무언가를 이루었을 때 표현하지 못할 만큼 커다란 기쁨을 만나기도 해요. 기쁨과 즐거움이 더욱 커지는 마음이 '희열'이에요. 희열이 넘치면 뭐든지 할 수 있다는 생각이 들 거예요.

 예문

**마지막 퍼즐 한 조각을 끼워 넣던 그 순간,
나도 모르게 희열을 느꼈다.**

 기뻐하다
마음에 기쁨을 느끼다

 노여워하다 화가 치밀 만큼 분해하거나 섭섭하다
분노하다 분개하여 몹시 성을 내다

10일

속담

쇠귀에 경 읽기
아무리 가르치고 일러 줘도
알아듣지 못한다

'쇠귀'는 '소의 귀'를, '경'은 옛날 학자들이 쓴 책을 뜻해요. 소의 귀에 대고 훌륭한 책을 읽어 준다 한들, 소는 알아듣지 못해요. 수업 시간에 자꾸 딴생각이 떠오른다면 선생님 말씀이 '쇠귀에 경 읽기'가 될지 모르니 조심하세요!

오늘의 생각

선생님 말씀이 이해가 안 될 땐 어떻게 하면 좋을까요?
(그럴 땐 질문하기!)

확장 어휘	**우이독경** 쇠귀에 경 읽기	牛	耳	讀	經
		소 우	귀 이	읽을 독	글 경

23일

세포

細	胞
가늘 세	세포 포

생물을 이루는 가장 작은 단위

우리 몸은 세포라는 아주 작은 부분들로 이루어져 있어요. 다른 동물이나 식물도 세포로 이루어져 있고요. 세포는 수명이 정해져 있어서 시간이 지나면 죽고 새로운 세포가 생겨나요. 다친 부위가 아물고 새살이 돋는 것도 새로운 세포가 생겨나는 거예요.

 예문

식물을 이루는 세포는 세포벽과 세포막으로 둘러싸여 있고 그 안에는 핵이 있다.

확장
어휘

DNA(디엔에이) 세포의 핵에 존재하는 유전자를 이루는 물질
유전자 부모에서 자손으로 정보를 전달하는 유전의 단위

11일

사자
성어

부화뇌동

附	和	雷	同
붙을 부	화할 화	천둥 뢰(뇌)	함께 동

줏대 없이 남의 의견에 따라 움직임

'천둥소리에 모두 정신이 팔려 아무 생각 없이 덩달아 움직인다'라는 뜻이에요. 다수의 의견이 맞을 때도 많지만 목소리가 큰 친구나 다수의 의견에 휘둘리지 않아도 괜찮아요. 부화뇌동하기보다 소신을 지키는 사람이 되세요.

 예문

초콜릿 하나에 바로 그 친구의 의견에 맞장구를 치다니, 부화뇌동이 따로 없어.

확장
어휘

덩달다 실속도 모르고 남이 하는 대로 좇아서 하다
맞장구 남의 말에 덩달아 호응하거나 동의하는 일

22일

고진감래

苦	盡	甘	來
쓸 고	다할 진	달 감	올 래

고생 끝에 즐거움이 옴

'쓴 것이 다하면 단 것이 온다'라는 뜻으로, 겨울이 지나면 봄이 오듯 어렵고 괴로운 일을 겪고 나면 좋은 결과가 기다리고 있다는 말이에요. 그만두고 싶은 일도 조금만 더 인내해 보세요. 괴로움의 크기만큼 큰 기쁨이 찾아올 거예요. 여러분의 '쓴맛'은 무엇인가요?

 예문

고진감래라고 은채는 배드민턴 연습을 정말 열심히 하더니 전국에서 1등을 했대.

확장 어휘	**극복하다** 악조건이나 고생 따위를 이겨 내다
	인내심 괴로움이나 어려움을 참고 견디는 마음

JUNE

12일

 과학

3학년 1학기

물질

物	質
물건 물	바탕 질

물체를 이루는 재료

우리 주변에는 장난감, 의자, 컵과 같은 여러 가지 물체가 있어요. 물체는 그 물체의 쓰임에 알맞은 재료로 만들어요. 이때 물체를 만드는 재료를 물질이라고 해요. '철'이라는 '물질'로 '숟가락'이라는 '물체'를 만든 것을 떠올리면 돼요.

 예문

우리 주변에는 한 가지 물질로 만들어진 물체도 있지만, 소화기처럼 금속, 플라스틱, 고무 등 여러 가지 물질로 만들어진 물체도 있습니다.

확장 지식

물질과 비슷한 낱말로 물건과 물체가 있어요. 물건은 일상생활과 관련이 있는 사물로 주인이 있기도 해요. 귀중하거나 값싼 물건으로 표현되기도 해요. 물체는 주로 관찰이나 실험할 때 쓰는 말로 소유나 가치의 개념이 들어 있지는 않아요.

21일

속담

말 한마디에 천 냥 빚도 갚는다

말을 잘하면 큰 빚도 갚을 수 있다

'냥'은 고려 시대부터 쓰인 화폐 단위예요. 열 푼은 한 돈, 열 돈은 한 냥이니, 천 냥은 셀 수 없을 만큼 어마어마하게 큰돈이에요. 말 한마디에 천 냥만큼 큰 빚을 갚을 수 있다니! 상대방에게 감동을 주는 진심 어린 말 한마디의 중요성을 나타낸 속담이에요.

오늘의 생각

오늘은 돈으로는 살 수 없는 예쁜 말을 가족과 친구에게 나눠 볼까요?

확장 어휘

가는 말이 고와야 오는 말이 곱다
내가 남에게 말과 행동을 좋게 해야 남도 나에게 좋게 한다

13일

국어

가르치다 · 가리키다

가르치다 : 지식 따위를 알려 주다
가리키다 : 방향이나 대상을 집어서 알리다

선생님께서 학생들에게 새로운 것을 알려 주는 것이 '가르치다'예요. 수학도 가르쳐 주시고, 국어도 가르쳐 주시죠. 반면 누군가가 길을 물어볼 때 "이쪽으로 가세요" 하고 말하며 손가락으로 방향을 알려 줄 때는 '가리키다'예요.

 예문

선생님께서 별자리를 가르치며
북두칠성의 위치를 가리켰어요.

확장
어휘

맞추다 서로 떨어져 있는 부분을 제자리에 맞게 대어 붙이다
맞히다 문제에 대한 답을 틀리지 않게 하다

20일

솔선하다

率	先
거느릴 솔	먼저 선

남보다 앞장서서 먼저 하다

친구가 도와달라고 하기 전에 친구의 짐을 나눠 드는 것, 복도에 떨어진 쓰레기를 그냥 지나치지 않고 치우는 것, 내가 벗은 옷을 잘 개어 두었더니 동생이 따라 배우는 것이 '솔선'이에요. 누가 시키기 전에 스스로 하는 행동, 나보다 우리를 위하는 행동이에요.

 예문

더러워진 교실을 솔선해서 청소했더니 하나둘 친구들이 나를 따라 빗자루를 들기 시작했다.

비슷한 말

앞장서다
무리의 맨 앞에 서다

확장 어휘

솔선수범
남보다 앞장서서 행동해서 몸소 다른 사람의 본보기가 됨

JUNE

14일

관용어

딴전 피우다

할 일이 있는데 전혀 다른 일에 매달리다

'딴전'은 다른 가게를 말해요. 딴전을 피운다는 건 자기 가게가 있는데 남의 가게를 봐 주는 것처럼 정작 해야 할 일은 하지 않고 엉뚱한 일을 하는 거예요. 눈앞의 문제와는 아무 상관 없는 딴말이나 엉뚱한 말을 할 때도 '딴전 피운다'라고 말해요.

 예문

눈앞의 쓰레기를 보고도 못 본 척 딴전 피우다가
딱 걸렸다!

같은 말

딴청을 피우다

● 딴청: 어떤 일을 하는 데 그 일과는 전혀 관계없는 일이나 행동

19일

혀를 내두르다

상상 이상의 일을 겪거나
놀라고 어이가 없어서 말을 못하다

상상하지도 못할 일을 겪거나 보게 되면 어이가 없어 저절로 입이 벌어지며 혀가 빠지는 표정이 되지요. 하지만 실제로 혀를 내두르는 건 어려워요. 사람의 혀는 개구리나 소의 혀처럼 길지 않아서 좌우 또는 위아래로 내두르는 건 거의 불가능해요. 따라서 상상 이상의 일에 '혀를 내두르다'라는 표현을 써요.

 예문

날이 어둑해져서 집으로 돌아가자고 하니
울며불며 더 놀겠다는 동생의 고집에 혀를 내둘렀다.

확장 어휘	**혀를 차다** 못마땅한 기분을 나타내다
	쯧쯧대다 불쌍하거나 마음에 못마땅하여 자꾸 가볍게 혀를 차다

15일

방점을 찍다

傍	點
곁 방	점 점

강한 인상을 남길 만큼 뛰어나다

방점은 특별히 강조하고 싶은 단어 위에 찍는 점을 말해요. 중요하고 뛰어나다는 의미로 넓게 쓰이기도 해요. 관심을 집중하는 분야에 대해 '방점을 찍다'라고 표현하기도 하지요.

 예문

2000년 6월 15일에 이루어진 남북공동선언은
한반도의 평화에 방점을 찍었다.

확장
어휘

두드러지다 겉으로 뚜렷하게 드러나다
부각하다 특징지어 두드러지게 나타나게 하다

18일

사회

법원

法	院
법 법	관청 원

법에 따라 판결하는 관청

법원은 공정한 판결을 하여 사회의 질서를 유지하는 곳이에요. 사람들 사이에 다툼이 있거나 법을 어기면 법에 따라 판결을 해요. 법원에서는 정해진 법과 판사의 양심에 따라 공정한 재판을 해요. 우리나라에는 최고 법원인 대법원이 있고 그 아래에 고등법원과 지방법원이 있어요. 특허법원, 가정법원, 행정법원도 있어요.

 예문

대법원 입구에는 한 손에는 저울,
다른 한 손에는 법전을 들고 있는
정의의 여신상이 있습니다.

확장
지식

정의의 여신상은 눈을 감거나 가리고 있어요. 편견 없이 법을
집행해야 한다는 의미를 담고 있지요.

16일

사자
성어

외유내강

外	柔	內	剛
바깥 외	부드러울 유	안 내	굳셀 강

겉으로는 부드럽고 순하게 보이나
속은 곧고 굳셈

겉으로는 약해 보여도 마음은 강한 외유내강의 사람이 있어요. 반대로 겉으로는 강해 보이지만 마음은 연약한 내유외강의 사람도 있고요. 겉으로는 부드럽고 마음은 단단한 사람이 되도록 해요.

 예문

우리 담임 선생님은 겉으로는 부드럽지만 속은 단단하신
외유내강 스타일이시다.

확장
어휘

온화하다 성격, 태도 따위가 온순하고 부드럽다
굳건하다 뜻이나 의지가 굳세고 건실하다

17일

국어

작다 · 적다

작다 : 부피, 넓이 따위가 보통보다 덜하다
적다 : 분량이 기준에 미치지 못하다

사과 한 개가 한입에 쏙 들어갈 만한 크기면 사과가 '작다'라고 해요. 반면 사람은 많은데 사과의 개수가 많지 않으면 사과가 '적다'라고 해요. '작다'는 크기가 작을 때, '적다'는 양이나 수가 적을 때 쓴다고 기억하세요.

 예문

상자가 작아서 물건이 적게 들어간다.

 확장 어휘

두텁다 믿음, 관계, 우정 등이 굳고 깊다
두껍다 두께가 보통의 정도보다 크다
[예문: 책은 두껍고, 우정은 두텁다.]

=3

JUNE

17일

가치

경청하다

傾	聽
기울 경	들을 청

귀 기울여 듣다

친구의 말에 고개를 끄덕이면서 듣는 것, 선생님의 설명에 메모하며 듣는 것, 아빠의 말씀에 맞장구치며 듣는 것이 경청이에요. 입은 하나, 귀는 둘인 이유는 말하는 것보다 듣는 것이 더 중요하기 때문이에요. 눈을 맞추고 귀를 기울여 듣는 것이 멋진 대화의 시작이랍니다.

 예문

놀이 기구를 타기 전에 안전 요원의 설명을 경청해야 다치지 않을 수 있어.

비슷한 말 | **귀담아듣다**
주의하여 잘 듣다

반대말 | **흘려듣다**
주의 깊게 듣지 않다

16일

감정

느긋하다

마음에 흡족하여 여유가 있고 넉넉하다

'천천히 가도 괜찮아' '모자라도 괜찮아' '나눠 줘도 괜찮아'라는 마음이 '느 긋함'이에요. 기분이 좋고 마음이 넉넉한 상태지요. 느긋한 사람은 급식을 다 못 먹은 친구를 위해 기다려 줘요. 느긋한 사람은 다 구워진 쿠키를 "너 먼저 먹어"라며 동생에게 미소 지으며 말해요.

 예문

준비물을 덜 챙겼다고 허둥대는 동생에게
나는 천천히 챙기라고 느긋하게 말했다.

반대말

성급하다 성질이 급하다
조급하다 참을성이 없이 몹시 급하다

18일

칼자루를 쥐다

결정권을 가지다

칼이나 도끼에 달린 손잡이를 '자루'라고 해요. 위험한 물건이라도 자루를 쥔 사람에 따라 위험하게 쓰일 수도, 유용하게 쓰일 수도 있어요. 어떤 일의 주도권이나 결정권을 잡았다는 의미로 쓰여요. 칼자루를 쥔 사람은 항상 신중하게 결정해야 해요.

 예문

목소리가 제일 큰 사람이 발표 순서를 정하기로 했다.
결국 마이크가 필요 없는 내가 칼자루를 쥐었다.

확장 어휘

칼자루를 휘두르다 권력을 사용하다
칼을 갈다 어떤 일을 이루기 위해 독한 마음을 먹다
칼을 빼 들다 문제를 해결하려고 하다

15일

관용어

꼬리에 꼬리를 물다

계속 이어지다

긴 꼬리를 지닌 동물들이 서로 꼬리에 꼬리를 물고 있는 모습을 상상해 보세요. 끝이 보이지 않게 계속 이어지지요. 비슷한 사건이 꼬리에 꼬리를 물기도 하고, 도로 위의 차가 꼬리에 꼬리를 물고 길게 늘어서기도 해요. 어떤 날은 나쁜 생각이 꼬리에 꼬리를 물어 잠이 오지 않기도 해요.

 예문

우리 학교 귀신 소문은 꼬리에 꼬리를 물고 퍼져 나갔다.

확장 어휘

일파만파
하나의 물결이 연쇄적으로 많은 물결을 일으킨다는 뜻으로, 한 사건이 그 사건에 그치지 않고 잇다라 많은 사건으로 번짐

一	波	萬	波
하나 일	물결 파	일만 만	물결 파

어처구니없다
너무 터무니없어서 기가 막히다

'어처구니'는 원래 궁궐 지붕 끝에 올려진 흙으로 만든 장식물을 말해요. 이 장식물은 잡귀를 쫓기 위해 사용되었는데, 궁궐 지붕에 어처구니를 빠뜨리는 것은 매우 황당한 상황이었대요. 그래서 '어처구니없다'는 너무나 터무니없고 황당한 상황을 의미하는 말로 쓰이게 되었어요.

 예문

구두쇠 영감의 말도 안 되는 변명에 정말 어처구니없었어요.

확장 어휘

말문이 막히다 말이 입 밖으로 나오지 않게 되다
어안이 벙벙하다 뜻밖에 놀랍거나 기막힌 일을 당하여 어리둥절하다

14일

가치

보람되다

어떤 일을 한 뒤에
좋은 결과나 가치, 만족감이 있다

학예회 연습은 힘들었지만 공연 후 스스로 잘 해냈다는 마음이 드는 것, 엄마 대신 빨래를 개었을 때 만났던 엄마의 미소가 '보람'이에요. 몸은 조금 힘들어도 마음이 풍성해지는 보람을 느끼는 하루가 되세요.

 예문

이걸 손에 쥐다니, 한 시간이나 줄 선 보람이 있었어.

비슷한 말

뿌듯하다
기쁨이나 감격이 마음에 가득 차서 벅차다

반대말

불만스럽다
보기에 마음에 차지 않아 언짢은 느낌이 있다

20일

사회

인구 밀도

人	口	密	度
사람 인	입 구	빽빽할 밀	정도 도

일정한 넓이의 땅에 살고 있는 사람의 수를 나타낸 것

인구 밀도가 높은 곳은 많은 사람이 살고 있어서 복잡해요. 높은 건물이 많고 산업과 교통이 발달한 경우가 많아요. 반대로 인구 밀도가 낮은 곳은 건물이나 집의 수가 적고, 교통이 불편한 경우가 많아요. 홍콩, 싱가포르는 인구 밀도가 높은 편이고, 호주, 캐나다는 인구 밀도가 낮은 편이에요.

 예문

인구 밀도가 높은 도시에는 교통 문제, 주택 문제, 환경 문제 등 다양한 문제가 나타나고 있습니다.

확장 지식

인구 절벽
생산가능인구(15~64세)가 급속도로 줄어드는 현상

● 가장 활발하게 경제 활동을 해야 하는 인구가 줄어들면 나라가 위기에 빠질 수 있어요. 우리나라는 태어나는 인구가 줄고 있어서 인구 절벽 위기를 맞이하고 있어요.

13일

심기일전

心	機	一	轉
마음 심	계기 기	한 일	바꿀 전

어떤 동기가 있어 이제까지 가졌던 마음가짐을 버리고 완전히 달라짐

어떤 계기로 인해 지금까지 가졌던 마음가짐을 버리고 완전히 달라진다는 의미예요. 실패를 겪으면 이내 절망하고 포기하는 사람이 있는 반면 새롭게 시작하려고 심기일전하는 사람도 있어요. 여러분은 포기와 심기일전 중에 무엇을 선택할 건가요?

 예문

지난 피구 시합에서 3반에 진 뒤, 심기일전하여 경기에 임했더니 우리 반이 1위에 올랐다.

확장 어휘

마음먹다 무엇을 하겠다는 생각을 하다
시도하다 어떤 것을 이루어 보려고 계획하거나 행동하다

21일

까무러치다
순간적으로 의식을 잃고 쓰러지다

큰 충격을 받으면 순간적으로 의식을 잃고 쓰러지기도 해요. 실제로 까무러치는 일은 잘 없지만 까무러칠 만큼 놀랄 때는 종종 있어요. 무언가에 집중하고 있는데 친구가 갑자기 내 어깨를 툭 치면서 "야!" 하고 놀라게 할 때 순간 까무러칠 뻔하지요. 나의 까무러치게 놀라는 모습에 친구는 배꼽 잡고 웃고요.

 예문

내 방 벽을 타고 돌아다니는 저 시커먼 게 뭐지?
으악, 거미잖아! 까무러칠뻔했네!

비슷한 말

기절하다 두려움, 놀람, 충격 따위로 한동안 정신을 잃다
실신하다 병이나 충격 따위로 정신을 잃다
졸도하다 (의학적으로) 갑자기 정신을 잃고 쓰러지다

12일

믿는 도끼에 발등 찍힌다

믿는 사람에게 배신을 당한다

옛날 사람들은 도끼로 나무를 베고 잘게 쪼개어 장작을 만들어 사용했어요. 그래서 자기 손에 익은 도끼 하나쯤은 다 가지고 있었지요. 그런 도끼라도 잘못하면 발등을 찍히는 일이 생겨요. 굳게 믿은 사람에게 상처를 받거나 잘될 거라고 믿었던 일이 실패했을 때 '믿는 도끼에 발등 찍힌다'라고 표현해요.

오늘의 생각

믿는 도끼에 발등 찍히면 어떤 기분이 들까요?

확장
어휘

배신하다
믿음이나 의리를 저버리다

저버리다
마땅히 지켜야 할 도리나 의리를 잊거나 어기다

背	信
등질 배	믿을 신

22일

배려하다

配	慮
짝 배	생각할 려

도와주고 보살펴 주려는 마음이 있다

준비물을 챙겨 오지 못해 울상인 짝에게 "같이 쓰자"라고 말하는 것, 달콤한 간식을 혼자 먹지 않고 동생 것도 챙겨 두는 것, 언니가 공부하고 있으면 다른 방으로 가서 리코더 연습을 하는 것이 '배려'예요. 주변을 둘러보세요. 나의 배려가 필요한 곳이 있을 거예요.

 예문

교실까지 우산을 챙겨다 준 형의 배려에 코끝이 찡했다.

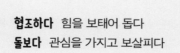

 확장 어휘

협조하다 힘을 보태어 돕다
돌보다 관심을 가지고 보살피다

발목을 잡히다

어떤 일에 꽉 잡혀서 벗어나지 못하다

씨름을 할 때 상대편에게 발목을 잡히면 꼼짝없이 번쩍 들려서 모래판에 나뒹그러질 판이 된다는 말에서 나온 말이에요. 씨름뿐만은 아니에요. 앞으로 나아가고 싶어도 누군가 발목을 잡으면 그 자리에서 움직일 수 없으니까요. 어떤 약점이 잡혀서 꼼짝하지 못할 때도 '발목을 잡히다'라고 표현해요.

 예문

학교 숙제에 발목을 잡혀서
학원 숙제는 시작도 못했다.

확장
어휘

발목을 묶이다 어려운 상황이나 일에서 벗어나지 못하다
목덜미를 잡히다 약점이나 중요한 곳을 잡히다

23일

관용어

눈에 넣어도
아프지 않다

매우 사랑스럽다

눈은 작은 먼지가 들어가도 아프고 고통스러울 만큼 무척 민감한 부위예요. 그런데 눈에 넣어도 아프지 않다니요! 고통조차 잊게 하는 게 바로 사랑이거든요. 그만큼 그 사람을 아끼고 소중하게 생각한다는 의미인 거죠. 나에게는 누가 '눈에 넣어도 아프지 않은 사람'인가요?

 예문

내 부모님은 나를 '눈에 넣어도 아프지 않을 소중한 내 딸' 이라고 부르셔.

확장
어휘

총애하다 남달리 귀여워하고 사랑하다
애착심 몹시 사랑하거나 끌리어서 떨어질 수 없는 마음

10일

가치

성찰하다

省	察
살필 성	살필 찰

자기의 마음을 반성하고 살피다

친구와 다퉜을 때 다툼이 왜 일어났는지, 내 행동이 친구에게 어떤 상처를 줬는지, 화해하려면 어떻게 해야 할지 깊이 생각하는 것이 '성찰'이에요. 시험을 망쳤을 때, 내가 공부를 어떻게 했는지, 어떤 부분에서 실수했는지 되돌아보는 것도 '성찰'이에요.

 예문

깊이 성찰할 줄 아는 사람은 비슷한 실수를 반복하지 않고, 더 발전할 수 있어요.

비슷한 말

반성하다 자신의 언행에 대하여 잘못이나 부족함이 없는지 돌이켜 보다

각성하다 깨어 정신을 차리다

24일

사자
성어

선견지명

先	見	之	明
먼저 선	볼 견	어조사 지	밝을 명

어떤 일이 일어나기 전에
미리 앞을 내다보고 아는 지혜

어떤 일이 일어나기 전에 앞을 내다보는 지혜, 즉 선견지명이 있으면 어떤 일이라도 현명하게 대처할 수 있어요. 눈앞에 있는 문제만 보는 것이 아니라 미래를 내다본다면 더 나은 선택과 결정을 할 수 있답니다.

 예문

언니가 우산을 챙겨서 등교하자고 했는데
하굣길에 비가 내리는 거야.
언니의 선견지명이 빛나는 순간이었어.

확장
어휘

지혜 사물의 이치를 빨리 깨닫고 사물을 정확하게 처리하는
정신적 능력

현명하다 어질고 슬기로워 사리에 밝다

9일

사회

투자

投	資
던질 투	재물 자

나중의 이익을 위해
돈이나 시간, 정성을 쏟는 것

나중에 생길 이익을 위해 지금 돈이나 시간을 쓰는 것이에요. 주식, 펀드, 부동산에 투자해서 나중에 더 많은 이익이 생길 것을 기대하는 사람이 많아요. 건물이나 상점을 사서 세를 놓을 수도 있고, 금이나 은 같은 귀금속 또는 농산물에 투자할 수도 있어요. 기업은 연구 개발에 큰돈을 투자해요.

 예문

지나친 **투자**는 큰 손해를 볼 수 있으니
신중하게 **투자해야** 한다.

확장 어휘	**투기** 이익을 목적으로 위험 부담이 큰 상품을 구입하는 것
	주식 회사를 경영하는 데 필요한 돈을 투자한 사람에게 주는 증서

25일

가치

평온하다

平	穩
평평할 평	평온할 온

조용하고 평화로운 마음이 있다

좋아하는 노래를 들으며 그림을 그릴 때, 할 일을 다 끝내 놓고 홀가분한 마음으로 뒹굴며 책 읽을 때 마음이 참 '평온'해요. 오늘은 조용하고 평화로운 마음, 평온함을 유지해 볼까요? 눈꼬리를 내리고, 입꼬리를 올리면 저절로 평온해지기도 해요.

 예문

70여 년 전의 6.25전쟁이 무색하게 참으로 평온한 오늘이구나.

 비슷한 말

평안하다 걱정이나 탈이 없다
평탄하다 마음이 편하고 고요하다

8일

감정

고무되다

鼓	舞
북 고	춤출 무

힘이 나도록 격려받아 용기가 생기다

누군가가 나에게 북치고 춤추며 응원해 준다면 어떤 기분이 들까요? 힘이 샘솟고 해낼 수 있다는 용기가 들 거예요. 잘할 수 있을 거라는 감정이 일어날 때가 고무되는 순간이에요. 불가능할 것 같은 일에도 도전하게끔 하는 마법의 감정이 '고무되다'거든요.

 예문

함께 손 모아 파이팅을 외치자 우리 반 친구들 모두 한껏 고무되었다.

비슷한 말

고취되다 힘이 나도록 격려를 받아 용기가 나다
격려하다 용기나 의욕이 솟아나도록 북돋게 하다

26일

감정

풀 죽다
기세나 기운이 없어지다

싱싱하던 풀에 한참 동안 물을 주지 않으면 시들시들 죽어요. '풀 죽은' 모습을 사람에게 비유한 말이에요. 속상한 일로 힘이 빠져 기운 없게 느껴지는 마음이지요. 그럴 때 정말 의기소침해질 수 있지만 그래도 나 스스로를 사랑해 줄 수 있어야 해요. 풀 죽지 말고 기운 차리세요!

 예문

피구에서 제일 먼저 공에 맞아 버려 풀 죽은 나에게 친구들이 괜찮다고 격려해 줬어요.

비슷한 말
의기소침하다
기운이 없어지고 풀이 죽은 상태이다

반대말
활발하다
생기 있고 힘차며 시원스럽다

JULY

7일

감정

감명하다

感	銘
느낄 감	새길 명

감격하여 마음에 깊이 새기다

나라를 위해 목숨 바친 독립운동가의 희생, 감미로운 피아노 연주, 아름다운 그림에 감격해서 마음에 깊이 새겨지는 느낌이 감명이에요. 책이나 영화를 보고 난 뒤에 훌륭하고 멋지다고 느끼는 감정도 감명이에요. 최근에 감명 깊었던 책이나 영화는 무엇인가요?

 예문

이태석 신부님의 헌신에 깊은 감명을 받아 나도 의사가 되겠다고 결심했다.

 비슷한 말

감격하다 마음에 깊이 느끼어 크게 감동하다
감탄하다 마음속 깊이 느끼어 마음으로 따르다

27일

얼굴이 두껍다

부끄러움을 모르고 염치가 없다

얼굴색은 감정에 따라 달라져요. 부끄러움을 느끼면 얼굴색이 붉게 변하고 너무 놀라면 얼굴색이 하얗게 질려요. 겁에 질리면 얼굴색이 새파래지고요. 그런데 얼굴 가죽이 두꺼우면 어떨까요? 얼굴색이 달라지는 것이 보이지 않아 매우 천연덕스러워 보일 테지요. 나쁜 짓을 하고도 얼굴색 하나 변하지 않으면 염치없어 보여요.

 예문

내 간식을 몰래 먹고는 모르는 척하다니,
어찌나 얼굴이 두꺼운지 기가 막힐 지경이었다.

확장
어휘

후안무치하다 뻔뻔스러워 부끄러움이 없다

厚	顔	無	恥
두터울 후	얼굴 안	없을 무	부끄러울 치

6일

심혈을 기울이다

心	血
마음 심	피 혈

온 정성을 다해서 일하다

'심혈'은 마음의 피 또는 심장의 피를 뜻해요. 심장의 피를 쏟을 만큼 일한다는 것은 최선을 다해 열정적으로 일하는 것을 말해요. 무언가에 최선을 다하는 자세, 정성을 쏟는 마음, 진심을 다하는 행동이에요.

 예문

얘들아, 내가 몇 년간 심혈을 기울인 동시집이 드디어 완성되었어. 축하해 줘!

비슷한 말 | **총력을 기울이다**
전체의 모든 힘을 다해서 일하다(=온 힘을 다 쏟다)

28일

미리내

밤하늘에 무수히 많은 별들이
띠 모양으로 늘어져 있는 것

미리내는 하늘에 흐르는 강, 은하수를 이르는 말이에요. 우리말 '미르'는 용을 뜻해요. 용은 하늘을 상징하는 존재로 여겼어요. '내'는 강이나 물줄기를 의미하는 우리말이고요. 밤하늘에서 미리내를 찾아보세요. 우리가 얼마나 넓은 우주 속에 살고 있는지 느낄 수 있을 거예요.

 예문

여름밤, 하늘에 펼쳐진 미리내가 정말 아름다웠다.

확장
어휘

천체 우주에 존재하는 모든 물체
꼬리별 밝고 긴 꼬리를 끌며 나타나는 별로 '혜성'의 순우리말

5일

가치

사과하다

謝	過
사례할 사	잘못 과

자기의 잘못을 인정하고 용서를 빌다

동생과 싸우고 난 뒤 내 잘못을 솔직하게 인정하고 '미안해'라고 말하는 것, 버스 안에서 다른 사람의 발을 모르고 밟았을 때 '죄송해요'라고 말하는 것이 '사과'예요. 사과는 진심을 담고 있어야 해요. 말투와 표정과 행동이 같아야 진심 어린 사과랍니다.

 예문

친구에게 사과하려니 괜히 쑥스러워
빨간 사과를 건네며 "미안해"라고 말했다.
(친구가 웃었으니 성공!)

비슷한 말

빌다 잘못을 용서하여 달라고 호소하다
사죄하다 지은 죄나 잘못에 대하여 용서를 빌다

29일

흡족하다

洽	足
넉넉할 흡	만족할 족

조금도 모자람이 없을 정도로 넉넉하여 만족하다

맛있는 음식을 배부르게 먹었을 때, 꽤 멋진 작품을 완성했을 때 느껴지는 만족스러운 감정이 '흡족함'이에요. 필요한 무언가를 넉넉하게 채우고 나면 흡족한 기분이 들어요. 이때 필요한 무언가는 눈에 보이는 물건일 수도 있고, 보이지 않는 감정일 수도 있어요. 작은 일에도 흡족해할 줄 알면 행복한 사람이에요.

 예문

"네 덕분이야"라는 나의 칭찬에 꽤 흡족한 듯,
지수의 입꼬리가 실룩거렸어.

비슷한 말	**만족하다** 흡족하게 여기다 **흐뭇하다** 마음에 흡족하여 매우 만족스럽다
반대말	**언짢다** 마음에 들지 않거나 좋지 않다 **시원찮다** 마음에 흡족하지 않다

4일

유비무환

有	備	無	患
있을 유	갖출 비	없을 무	근심 환

미리 준비가 되어 있으면 걱정할 것이 없음

어려운 일을 미리 대비해 준비를 철저히 하면 걱정도 덜 수 있어요. 발표를 앞두고 긴장된다면 미리 준비를 철저히 해 보세요. 긴장을 덜 수 있을 거에요. 내일을 위해 오늘 무엇을 준비해 두면 좋을까요?

 예문

예림이는 유비무환으로 배움 노트를 꾸준히 정리하더니 단원평가에서 좋은 성적을 거뒀대.

확장 어휘

철저하다 속속들이 꿰뚫어 미치어 밑바닥까지 빈틈이나 부족함이 없다

꼼꼼하다 빈틈이 없이 차분하고 조심스럽다

30일

가치

양보하다

讓	步
사양할 양	걸음 보

물건, 자리, 길 등을 다른 사람에게 내어 주다

할머니께 "여기 앉으세요"라며 자리를 내어 드리는 것, 친구에게 "먼저 해"라고 말하는 것, 동생에게 "네가 먹어"라며 간식을 내어 주는 것이 '양보'에요. 양보는 따뜻한 마음이에요. 나의 작은 불편함이 다른 사람에게 큰 도움이 되기도 해요. 작은 양보로 따뜻한 하루를 만들어 볼까요?

 예문

양보는 내 것을 잃는 게 아니라 사람을 얻는 일이야!

비슷한 말

내주다 가지고 있던 것을 남에게 넘겨주다

타협하다 어떤 일을 서로 양보하여 협의하다

속담

지는 게 이기는 거다

너그럽게 대하면서 양보하는 것이
진짜 이기는 것이다

너그럽게 양보할 때 마음이 더 편하고 행복할 때가 있어요. 어린 동생과의 놀이에서 일부러 져 주어도 절로 미소가 지어질 때, 어때요? 마음이 더 따뜻해지죠? 오늘은 누군가에게 너그럽게 양보해 보세요. 지는 게 이기는 거니까요.

오늘의 생각

오늘 하루 지는 게 이기는 것인 순간을
한번 찾아볼까요?

확장
어휘

겸양
겸손한 태도로 남에게 양보하거나
사양함

謙	讓
겸손할 겸	사양할 양

JULY

7월

한 해의 절반이 지났어요.
심기일전, 다시 시작하는 마음을 가져 보세요!

JULY

2일

관용어

쏜살같다

매우 빠르다

화살을 줄(활시위)에 메겨서 함께 당겼다 놓으면 줄의 탄력으로 화살이 앞으로 튀어 나가요. 매우 빠르게 쏘아 버린 화살처럼 매우 빠르다는 뜻이에요. '총알 같다' '번개 같다' '바람 같다'도 같은 표현이에요.

 예문

짝꿍과 놀다 보니 쉬는 시간이 쏜살같이 지나갔다.

 확장 어휘

신속하다 매우 날쌔고 빠르다
날쌔다 동작이 날래고 재빠르다

1일

가치

의리

義	理
옳을 의	이치 리

사람으로서 마땅히 지켜야 할 도리

둘이서만 놀자는 친구에게 다른 친구도 함께 놀아야 한다고 말하는 것, 위로 가 필요한 친구 곁에 함께 있어 주는 것, 친구를 뒷담화하지 않는 것이 '의 리'예요. 의리는 친구 사이의 믿음이에요. 사람 사이의 도리, 의리 있는 사람 이 되어 볼까요?

 예문

우리 반은 의리에 살고 의리에 죽는 반이야.

비슷한 말

도리 사람이 어떤 입장에서 마땅히 행해야 할 바른길
신의 믿음과 의리

벌써 절반이 지났어요.
어휘 달인은 '떼어 놓은 당상'이에요!
남은 절반도 함께 달려 볼까요?